AF645730

Sally Coulthard

Das BUCH *des* REGENWURMS

Eine Entdeckungsreise durch unsere Erde

Aus dem Englischen von Andrea Kunstmann

HarperCollins 

Die englische Originalausgabe erschien 2021 unter dem Titel
The Book of the Earthworm bei Head of Zeus, London.

1. Auflage 2022
Deutsche Erstausgabe
© 2022 by HarperCollins in der
Verlagsgruppe HarperCollins Deutschland GmbH, Hamburg
An Apollo book first published in the UK
in 2021 by Head of Zeus Ltd
© Sally Coulthard, 2021
Illustrationen Innenteil: © nach der englischen Originalausgabe
Einbandgestaltung von Rothfos & Gabler, Hamburg
Einbandabbildung von Morphart Creation/Shutterstock
Gesetzt aus der Chaparral, der Proxima Nova
und der Shelley Allegro Script
von Corinna Gathmann
Druck und Bindung von CPI books GmbH, Leck
Printed in Germany
ISBN 978 3 365 00012 0
www.harpercollins.de

Klimaneutral
Druckprodukt
ClimatePartner.com/15109-2009-1001

MIX
Papier
FSC FSC® C083411

INHALT

Die Liebe zu allen Lebewesen ist die edelste Eigenschaft des Menschen.

Charles Darwin,
Die Abstammung des Menschen (1871)

EINFÜHRUNG

Als Charles Darwin entscheiden sollte, welches das wichtigste Tier auf Erden sei, plädierte er weder für den Affen aufgrund seiner Intelligenz noch für das Schaf aufgrund seiner Nützlichkeit und auch nicht für das Schnabeltier, weil es so merkwürdig aussieht. Er wählte den scheinbar so unbedeutenden Regenwurm.

Darwin bezeichnete ihn als »Pflug der Natur« und krönte ihn zum wichtigsten Wesen des Planeten. »Man kann wohl bezweifeln, ob es noch viele andere Tiere gibt, welche eine so bedeutungsvolle Rolle in der Geschichte der Erde gespielt haben, wie diese niedrig organisierten Geschöpfe«, war seine Begründung. Zweitausend Jahre früher hatte bereits der griechische Philosoph Aristoteles Regenwürmer als die »Eingeweide der Erde« geadelt.[1]

Und doch wissen die meisten Menschen so gut wie nichts über diese Baumeister des Bodens. Wir halten sie für selbstverständlich, doch ohne Regenwürmer gäbe es kein Leben. Die Oberfläche unseres Planeten wäre unfruchtbar, Landwirtschaft unmöglich, unsere Felder und Gärten könnten nichts Essbares hervorbringen und die Pflanzen und Tiere, die wir zu unserem Überleben brauchen, nicht ernähren. Regenwürmer versorgen den Boden nicht nur mit Nährstoffen, indem sie verrottende Pflanzen recyceln, sondern sie ermöglichen durch ihr unermüdliches Graben und Kriechen auch, dass er Regen aufnehmen und Nahrung für die unterschiedlichsten Wildtiere vom Fuchs bis zum Frosch hervorbringen kann. Neueste Forschungen gehen sogar davon aus, dass Regenwürmer dazu beitragen, verseuchte Böden zu sanieren und wieder fruchtbar zu machen.

Insofern sind Regenwürmer winzige Helden. Viele unserer ökologischen Probleme scheinen kaum mehr bewältigbar zu sein, doch interessanterweise könnte die Lösung ausgerechnet in einem der kleinsten und am meisten unterschätzten Wesen der Natur liegen. Lange haben wir das endlose Rackern der Regenwürmer einfach so hingenommen, ohne zu wissen, wofür diese ganze Mühe eigentlich gut ist, gemäß dem berühmten Ausspruch Leonardo da Vincis: »Wir wissen mehr über die Bewegung der Himmelskörper als über den Boden unter unseren Füßen.« Dabei sollten alle wissen, was in der Erde ihres Gärtchens eigentlich los ist. Dort werden nämlich wahre Wunder vollbracht.

REGENWÜRMER *und* MENSCHEN

Die Tulpe und der Schmetterling
sind schöner gewandet als ich es bin,
mit feinstem Putz ist nichts vollbracht,
gegen Fliegen, Würmer und Blumenpracht.

Isaac Watts, *Divine Songs* (1715)

Es ist schon bemerkenswert, wie wenig wir angesichts ihrer Relevanz tatsächlich über Regenwürmer wissen. Lange wurden diese außergewöhnlichen Lebewesen komplett ignoriert. Bis vor etwa dreißig Jahren haben nur wenige engagierte Wissenschaftler:innen sich mit ihnen beschäftigt, während in letzter Zeit immer mehr Menschen bewusst wird, welch entscheidende Rolle diese Organismen in unserem gesamten Ökosystem spielen. Insbesondere ist man der Frage nachgegangen, wie sich Regenwürmer für nachhaltige Landwirtschaft nutzbar machen lassen, beispielsweise indem sie in sogenannten Wurmfarmen organische Abfälle kompostieren und in wertvollen Dünger verwandeln, oder – noch erstaunlicher – ob sie uns nicht als Proteinquelle dienen könnten (vgl. »Kann man Regenwürmer essen?«, S. 61).

In weiteren Studien versuchte man, verseuchte oder ausgelaugte Ackerflächen mithilfe von Regenwürmern wiederherzustellen oder die Tiere im Umweltmonitoring einzusetzen. Regenwürmer werden also, ob es ihnen gefällt oder nicht, inzwischen ins Rampenlicht gezerrt, und erst dadurch beginnen wir zu begreifen, wie wertvoll sie wirklich sind.

Zuallererst muss man sich klarmachen, dass es nicht *den* Regenwurm gibt, sondern weltweit mindestens 3 000 verschiedene Arten. Da man sie bisher so wenig erforscht hat, wird allerdings vermutet, dass sich noch Tausende weitere Arten geschickt vor uns verstecken und erst entdeckt werden müssen.

Regenwürmer können auch ganz unterschiedlich lang sein, von einem Zentimeter bis zu gigantischen drei Metern. Ebenso bieten sie eine große Bandbreite an Farben, von den Braun- und Rosatönen, die wir aus unseren Gärten kennen, bis hin zu Grün, roten Streifen und einem entzückenden Violett.

GUT ZU WISSEN

In der biologischen Systematik ordnet man die Regenwürmer (*Lumbricidae*) der Ordnung der Wenigborster (*Oligochaeta*) zu. Wenigborster gehören innerhalb des Stammes der Ringelwürmer (auch Gliederwürmer, *Annelida*) zur Klasse der Gürtelwürmer (*Clitellata*).

DREI GRUPPEN VON REGENWÜRMERN

Wer ehrt den Regenwurm,
den Ackersmann tief unter dem Gras im Erdreich.
Er hält den Boden in Verwandlung.
Er arbeitet, ganz mit Erde gefüllt,
stumm von Erde und blind.

Harry Edmund Martinson,
Der Regenwurm[2]

Trotz ihrer großen Vielfalt ist es hilfreich, die Regenwürmer in drei Gruppen einzuteilen, je nachdem, wo sie leben, wovon sie sich ernähren und wie sie graben. Von oben nach unten finden sich:

Die Streuschichtbewohner: Diese leben nicht *im* Erdreich, sondern *epigäisch*, also in der Streuschicht aus feuchtwarmen verrottenden Blättern und anderem organischen Material. Davon und von den Pilzen und Bakterien, die diese Stoffe zersetzen, ernähren sich diese Wurmarten. Sie sind klein (drei bis vier Zentimeter lang), graben sich nicht in den Boden und sind meist rot oder rotbraun gefärbt.

Zu dieser Kategorie gehören die hübsch gestreiften Kompostwürmer (*Eisenia fetida,* auch Mistwürmer oder Stinkwürmer), die vor allem in Komposthaufen vorkommen. Auf landwirtschaftlichen Flächen, wo eine dauerhafte Streuschicht aus Blättern und Ähnlichem fehlt, findet man sie selten, sie bevorzugen Wiesen und Wälder.

Die Flachgräber (auch Oberboden- oder Mineralbodenbewohner): Diese zweite Gruppe lebt *endogäisch*, also im Boden, aber in der Regel nur in der oberen Schicht bis zu dreißig Zentimetern Tiefe. Sie ernähren sich von den dort befindlichen abgestorbenen Blättern, Pilzen und Kleinstlebewesen. Endogäisch lebende Würmer graben auch horizontal, wodurch ein verzweigtes Tunnelsystem entsteht. Sie sind mittelgroß (etwa acht bis vierzehn Zentimeter lang) und eher blass gefärbt (rosa, grünlich, blaugrau).

Die Tiefgräber (auch Vertikalbohrer): Die *anektischen* oder *anözischen* Arten sind am längsten und graben sich bis zu drei Meter tief ins Erdreich – und zwar in senkrechten Röhren, vergleichbar einem Aufzugschacht. Nachts kommen sie an die Oberfläche, um Pflanzenmaterial in diese Röhren zu ziehen. Auch sie sind rot oder braun, haben aber meist einen dunkleren Kopf und einen helleren Schwanz. Es ist diese Gruppe von Regenwürmern, die kleine

Ansammlungen erdigen Kots, die Wurmhäufchen, auf dem Rasen hinterlassen.

Von allen Tiefgräbern ist der Gemeine Regenwurm (*Lumbricus terrestris*), auch Tauwurm oder Aalwurm genannt, am bekanntesten. Der Freund aller Gärtner:innen ist in fast ganz Europa der größte natürlich vorkommende Regenwurm: Er wird neun bis dreißig Zentimeter lang. Sein Körper kann so dick wie ein Bleistift sein, sein Schwanz ist etwas abgeflacht und hat die Form eines Paddels (das hilft ihm, an den Wänden seiner Bauten zu haften).

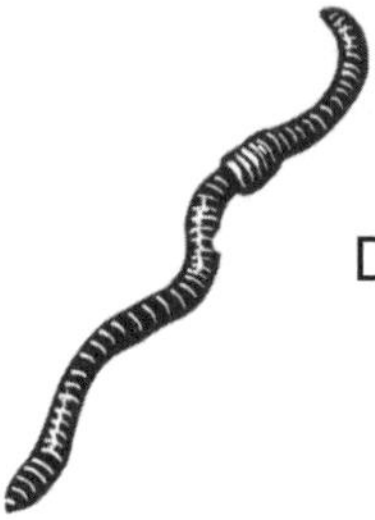

DIE GROSSE WURMFAMILIE

Tatsächlich ist die Natur nie so übersichtlich sortiert. Die beschriebenen drei Kategorien helfen zwar bei der Einordnung, doch da draußen im Freien überschneiden sie sich. So werden die Kompostwürmer (*Eisenia fetida*) häufig einer eigenen Gruppe zugeordnet und von anderen epigäisch lebenden Regenwürmern unterschieden. Andere Fachleute teilen die Flachgräber in drei Untergruppen, je nachdem, in welcher Tiefe sie leben und was sie fressen. Eine saubere Abgrenzung ist vielleicht im Labor sinnvoll, doch letztlich verhalten sich Regenwürmer nicht immer berechenbar, sondern passen sich bis zu einem gewissen Grad ihrer Umwelt an. Die sogenannte *phänotypische Plastizität* sorgt dafür, dass die gleiche Art in unterschiedlicher Umgebung ein anderes Verhalten oder andere Merkmale zeigt. Auf der Nordhalbkugel lebt der weitverbreitete Grauwurm (*Aporrectodea caliginosa*) beispielsweise epigäisch, also im Oberboden, wo er kurze horizontale Gänge gräbt. Auf der Südhalbkugel sind seine Gänge dagegen lang und vertikal, wie die des Gemeinen Regenwurms (*Lumbricus terrestris*), und er verhält sich eher wie ein Tiefgräber.

Der Lebensraum Boden ist höchst komplex, und ganz allgemein gilt, dass *im* Boden mehr Tierarten leben als an der Erdoberfläche. Was Regenwürmer betrifft, ist bisher wenig untersucht, in welchem genauen Mengenverhältnis die einzelnen Arten zueinander existieren. In Deutschland sind laut WWF insgesamt 46 verschiedene Regenwurmarten verbreitet, die Hälfte davon kommt relativ häufig vor – in Ackerböden allerdings nur zwischen null und zehn Arten.[3]

Die Artenvielfalt der Regenwürmer nimmt nicht nur in Deutschland, sondern in ganz Europa von Norden nach Süden zu. Als sich nach dem Ende der letzten Eiszeit vor 11 700 Jahren die Gletscher zurückzogen, breiteten sich die Würmer vom Süden her wieder aus. Es gibt in Deutschland vierzehn Arten, die nur in den südlichen Bundesländern anzutreffen sind.[4]

In fast allen Böden, auch den landwirtschaftlich genutzten, ist der Kleine Wiesenwurm *(Allolobophora caliginosa)* vertreten, der auch extreme Bedingungen verträgt. Dieser Flachgräber ist grau bis blassgelb und misst fünf bis sechzehn Zentimeter.

Ebenfalls häufig ist der bereits beschriebene Gemeine Regenwurm (*Lumbricus terrestris*). Er gehört zu den Tiefgräbern, sein Lebensraum sind Acker-, Wiesen- oder Waldböden. Er ist braunrot, am Körperende blasser.[5]

Zu den seltenen Regenwürmern in Deutschland

gehört der Smaragdwurm (*Aporrectodea smaragdina*). Er lebt in den bayerischen Alpen in der Streuschicht aus Laub und moderndem Totholz. Auf der roten Liste bedrohter Arten ist er als »extrem selten« eingestuft.[6]

Der größte in Deutschland heimische Regenwurm ist der Badische Riesenregenwurm (*Lumbricus badensis*). Er kann sich auf bis zu 60 Zentimeter ausstrecken, im Ruhezustand misst er immerhin gut 30 Zentimeter. Er kommt ausschließlich in einem begrenzten Gebiet im Südschwarzwald in den eher sauren Böden unter Fichtenwäldern vor.

GUT ZU WISSEN

Niemand kann so genau sagen, wie viele Regenwürmer im Erdreich leben. Aktuelle Schätzungen gehen in Monokulturböden mit hohem Pestizideinsatz von nur 30 Tieren pro Quadratmeter aus, ein durchschnittlicher Boden enthält rund 120, in ökologisch bewirtschafteten, regenwurmfreundlichen Böden wurden dagegen bis zu 450 Würmer pro Quadratmeter gefunden.[7]

REGENWÜRMER BRECHEN REKORDE

Diese Würmer scheinen im nur leicht geackerten Boden häufiger als im gründlich durchgepflügten; im brachliegenden Boden jedoch sind sie offenbar zahlreicher als irgendwo sonst …

The Commercial Agriculture and Manufacturer's Magazine, Band 6 (1802)

Der größte je in Großbritannien registrierte Tauwurm (*Lumbricus terrestris*) erreichte eine Rekordlänge von 40 Zentimetern und wog das Fünffache des Durchschnitts. »Regenwurm Dave« wurde in einem englischen Gemüsebeet gefunden und wird inzwischen im Natural History Museum in London für die Nachwelt aufbewahrt.

Er war jedoch ein Winzling im Vergleich zu den weltweit größten Arten wie zum Beispiel dem *Megascolides australis*. Dieser sanfte Riese, den man bisher nur im Bass River Valley im Südosten des australischen Bundesstaats Victoria gefunden hat, wird durchschnittlich einen Meter lang und hat den beachtlichen Durchmesser von zwei Zentimetern.

Er kann fünf Jahre und älter werden und gräbt sich durch die nassen Lehmböden an Flüssen. Je länger er lebt, desto größer wird er. Es wurden bereits ältere Exemplare von drei Metern Länge entdeckt.

Den Längenrekord weltweit hält jedoch eine Art namens *Microchaetus rappi*. Im Jahr 1967 tauchte ein riesiges Exemplar davon auf einer Straße zwischen Alice und King William's Town in Südafrika auf, das bei einem Durchmesser von 2 Zentimetern 6,7 Meter lang war – so hoch sind in der Regel Giraffen. Die Durchschnittslänge des *Microchaetus rappi* beträgt etwa 1,8 Meter.

Regenwürmer scheinen in ungestörten Böden größer zu werden. Eine neuere Studie fand einen hohen Anteil richtig fetter Würmer auf der schottischen Insel Rum.[8] Das Forschungsteam stellte fest, dass auf dieser winzigen naturgeschützten Insel die Tauwürmer an einer bestimmten Stelle ein Durchschnittsgewicht von zwölf Gramm auf die Waage brachten und damit dreimal schwerer waren als Tauwürmer in anderen Teilen Großbritanniens. In diesem geschützten Habitat gab es große Mengen organischen Materials, während Regenwürmer fressende Säugetiere – wie Dachse, Maulwürfe und Igel – fehlten. Das Gebiet war auch außergewöhnlich reich an Zecken, was wohl schon immer Menschen davon abgehalten hat, sich dort anzusiedeln und das Land zu bestellen. Auf sich gestellt und unbehelligt von Fressfeinden oder menschlicher Aktivität wurden die Würmer auf Rum älter und damit auch größer als in vielen anderen Landesteilen.

GUT ZU WISSEN

Den Weltrekord im Hervorlocken von Würmern bei den World Worm Charming Championships hält ein zehnjähriges Mädchen namens Sophie Smith, die es 2009 innerhalb einer halben Stunde auf erstaunliche 567 Exemplare aus drei Quadratmetern brachte.

WANN SIND REGENWÜRMER ENTSTANDEN?

Als die Dinosaurier über die Erdoberfläche trampelten, schlängelte sich der bescheidene Regenwurm schon längst unter ihren Pranken. Neueste Analysen ergaben, dass der gemeinsame Vorfahre aller Regenwürmer vor mindestens 209 Millionen Jahren gelebt hat.

In jener Epoche der Erdgeschichte gab es noch keine einzelnen Kontinente, sondern nur einen massiven Riesenkontinent namens Pangaea. Als diese enorme Landmasse vor ungefähr 180 Millionen Jahren auseinanderbrach, verteilten sich die Regenwürmer bis in die letzten Winkel der Erde und spalteten sich in die Tausende von Arten auf, die wir heute kennen. Die Antarktis ist der einzige Kontinent, auf dem aktuell keine einzige Regenwurmart existiert, auch wenn dort früher Regenwürmer gelebt haben müssen, bis es ihnen aufgrund der Süddrift dort zu kalt wurde.

In Kontinentaleuropa gibt es etwa 200 unterschiedliche Arten, in Deutschland sind es laut WWF 46,[9] in Großbritannien nur 26. Man geht davon aus, dass die dort lebenden Regenwürmer während der letzten Eiszeit ausstarben. Erst als sich die Gletscher zurückzogen, wanderten Regenwürmer aus den wärmeren Gegenden Europas nordwärts und erreichten Britannien über die damals noch existierende Verbindung zwischen der britischen Ostküste und dem europäischen Festland. Insofern sind alle britischen Regenwürmer Europäer.

KÖNNTE DIE MENSCHHEIT OHNE REGENWÜRMER ÜBERLEBEN?

Eine Nation, die ihre Böden zerstört,
zerstört sich selbst.

Franklin D. Roosevelt in einem Brief
an die Gouverneure der Bundesstaaten anlässlich
eines US-weiten Bodenschutzgesetzes (1937)

Regenwürmer gehören ähnlich wie die Bienen zu den sogenannten Schlüsselspezies. Das heißt, sie spielen für unser Ökosystem eine so entscheidende Rolle, dass ohne sie das Überleben der Menschheit infrage gestellt wäre.

Die moderne Landwirtschaft benötigt gesunde, ertragreiche Böden, um Getreide, Obst und Gemüse sowie Biosprit, Textilfasern oder Tierfutter zu erzeugen. Selbst Produkte, die einem nicht auf Anhieb einfallen, wie Papier oder Medikamente, beginnen ihren Lebenszyklus als Pflanzen in einem Erdreich, das von Würmern fruchtbar gemacht wurde.

Ohne die Regenwürmer wären unsere Böden steril, unermüdlich vertilgen sie organisches Material (wie abgestorbene Blätter oder Blüten) und schei-

den es wieder aus. So zerlegen sie es in Nährstoffe, die den lebenden Pflanzen, Pilzen und Bakterien wieder zur Verfügung stehen. Weltweit werden geschätzt $3{,}5 \times 10^{10}$ (35 Milliarden) Tonnen Laubstreu jährlich wieder in Humus verwandelt.[10]

Durch ihr kontinuierliches Graben belüften Regenwürmer den Boden, machen ihn locker und durchlässig, sodass Regenwasser versickern kann. Ohne sie würde sich das Erdreich immer weiter verdichten, Überschwemmungen wären programmiert. Indem Würmer den Boden unablässig durchpflügen, transportieren sie außerdem Nährstoffe aus tieferen Schichten in den Oberboden, wo Pflanzen sie leichter aufnehmen können. In wissenschaftlichen Experimenten wurde nachgewiesen, dass Regenwürmer das Pflanzenwachstum steigern – um 20 Prozent im Vergleich zu wurmlosen Böden.[11]

Der Beitrag der Regenwürmer zur Verbesserung der Böden ist schier unschätzbar, denn sie unterstützen die Pflanzen sogar dabei, Schädlinge und Krankheiten abzuwehren. Studien konnten zeigen, dass sie die Nährstoffdichte für die Pflanzen derart erhöhen, dass diese sich selbst besser gegen Insekten und Pflanzenfresser verteidigen können. Dies geschieht, indem die Pflanzen die chemische Zusammensetzung ihrer Blätter verändern. Verbessert sich ihre Ernährung durch die Aktivitäten von Regenwürmern, sind sie in der Lage, diese Abwehrstoffe vermehrt zu produzieren. In einem Experiment brachte man die invasive Spanische Wegschnecke *(Arion vulgaris)* in ein Mikroökosystem ein, um zu erforschen, welchen Schaden sie anrichten würde. An den von Regenwürmern bevölkerten Standorten reduzierte sich die Zahl beschädigter Blätter um 60 Prozent.[12]

REGENWÜRMER UND SAMEN

Regenwürmer leisten auch einen bedeutenden Beitrag bei der Keimung von Samen. Da nicht alle Samen keimen, sobald sie von den Pflanzen abgeworfen werden, ist das Erdreich voll davon. Je nach Umweltbedingungen wächst aus ihnen entweder rasch eine neue Pflanze oder sie verrotten. Manche gehen in Keimruhe, bis günstigere Verhältnisse für ihr Gedeihen herrschen. In diesem Zustand werden die Samen von Erde bedeckt oder wandern tiefer ins Erdreich, wo sie Jahre unbeschadet überstehen können. Sehr clever, denn so sichern Pflanzen ihr Überleben in Form einer »Samenbank«, solange die oberirdischen Bedingungen für sie nachteilig sind.

Studien haben gezeigt, dass Würmer auch Samen vertilgen, während sie sich durch Erde und Streuschicht fressen. Sie hinterlassen sie dann in den Wurmhäufchen an der Oberfläche und tragen damit hauptsächlich dazu bei, dass die Samen dort wieder eine Chance auf Keimung bekommen. Forschungen haben auch belegt, dass Samen auf ihrem Weg durch die Verdauungsorgane der Regenwürmer ihre Keimfähigkeit sogar noch verbessern, da die Zusammensetzung des Wurmkots ihnen sehr zuträglich ist.[13] Auch die umgekehrte Richtung ist von Vorteil, denn durch ihre Grabungstätigkeit sind Regenwürmer ein Schlüsselelement bei der Bildung umfangreicher Samenbanken in unterschiedlichsten Ökosystemen.

SIND DIE REGENWÜRMER GEFÄHRDET?

Wer vergisst, wie man die Erde beackert
und das Feld bestellt, vergisst sich selbst.

Gandhi

Einigen Regenwürmern geht es wirklich nicht gut. Während viele attraktivere Tiere die ganze Aufmerksamkeit abziehen, hat man die Würmer und ihre Geschichte lange Zeit ignoriert. Manche exotische Arten – wie der bereits erwähnte Riese *Megascolides australis* – sind aufgrund des Verlusts ihrer Habitate gefährdet, und auch anderswo sieht die Wurmwelt nicht so rosig aus.

Laut Studien geht die Zahl der Regenwürmer insgesamt insbesondere in intensiv genutzten Böden zurück. Woran genau das liegt, steht noch nicht fest, doch die Forschung hat exzessives maschinelles Pflügen, bestimmte Nutzpflanzen, Mikroplastik im Boden und den übermäßigen Einsatz von Pestiziden im Verdacht.

So stellte man bei einer wissenschaftlichen Erhebung zu den landwirtschaftlichen Flächen in

England fest, dass fast die Hälfte einen eklatanten Mangel an Würmern aufwies. Insgesamt wurden etwa 1300 Hektar Felder untersucht, von denen über 40 Prozent eine sehr geringe Biodiversität an Regenwürmern aufwiesen. Man fand zwar in den meisten Feldern eine angemessene Zahl von Flachgräbern, jedoch wenige bis keine Streuschichtbewohner oder Tiefgräber. In einem Fünftel aller Felder lebten überhaupt keine Regenwürmer in der Streuschicht, in einem Sechstel keinerlei Tiefgräber.

Die an der Untersuchung beteiligten Landwirte, die einen Großteil der Bodenproben durchgeführt hatten, waren so alarmiert, dass sich über die Hälfte von ihnen in der Folge verpflichtete, ihre Methoden der Bodenbearbeitung zu ändern.[14] Ähnliche Ergebnisse verzeichnet man überall in Europa. In der Slowakei stellte man beispielsweise fest, dass die Regenwurmdichte auf Wiesen doppelt so hoch war wie auf landwirtschaftlichen Flächen.[15]

Hoffnungslos ist die Situation dennoch nicht, da Weideflächen und Gärten sehr viele Regenwürmer beherbergen. Das britische Amateurforschungsprojekt Earthworm Watch konnte teilweise Dichten von 200 Würmern pro Quadratmeter nachweisen, was umgerechnet auf den Durchschnittshaushalt über 32 000 Würmer pro Privatgarten ergäbe.

In Deutschland wurden 2016 erstmals Ergebnisse von Zählungen veröffentlicht, nach denen sechzehn in Deutschland vorkommende Regenwurmarten auf der Liste der gefährdeten Arten stehen: Als extrem selten gelten vierzehn, für vier Arten gibt es kaum Daten, zwei landeten in der Kategorie »ausgestorben« oder »bestandsgefährdet«.[16]

WELCHE AUSWIRKUNGEN HÄTTEN WENIGER REGENWÜRMER?

Im Gegensatz zu der fast paradiesischen Situation der Gärten und unbewirtschafteten Wiesen geben die landwirtschaftlichen Flächen also Anlass zur Sorge. Denn weniger Würmer bedeuten auch eine reduzierte Fruchtbarkeit und in der Folge schlechtere Erträge – angesichts der wachsenden Weltbevölkerung ist das ein ernst zu nehmendes Problem für die Ernährungssicherheit.

Weniger fruchtbare Böden bringen Pflanzen mit weniger Nährstoffen hervor. In einer 2004 im *Scientific American* veröffentlichten Studie wurde bei einem Vergleich der Nährwerte von Nutzpflanzen und Gemüsen aus den 1950er-Jahren mit denen der Jahrtausendwende ein erheblicher Rückgang von Proteinen, Kalzium, Phosphor, Eisen, Vitamin B2 sowie Vitamin C festgestellt.[17]

Ein Rückgang von Regenwürmern hat auch unmittelbare Auswirkungen auf die Wildtiere, denen sie als Futter dienen. So sank die Population der Singdrossel in den vergangenen Jahren deutlich, was zumindest teilweise darauf zurückgeführt wird, dass ihnen im Frühjahr die Regenwürmer zur Fütterung ihrer Jungen fehlen. Ohne Würmer verhungern die Vogelküken entweder bereits im Nest oder haben, nachdem sie flügge geworden sind, keine Überlebenschance. Auch andere Tiere wie Igel, Füchse, Rotkehlchen, Spitzmäuse, Maulwürfe, Waldmäuse und Dachse finden dann nicht mehr genug Nahrung. So ernährt sich ein Dachs zu 60 Prozent von Regenwürmern, und eine Wanderdrossel fängt bis zu vier Meter Wurm pro Tag.

Auch dass der kontinuierliche Einsatz von Pflanzenschutzmitteln bei den Regenwürmern Schaden anrichtet, wurde kürzlich nachgewiesen. Pestizide im Nutzpflanzenanbau behindern ihr Wachstum und beeinträchtigen ihre Fortpflanzungsfähigkeit, konnte eine dänisch-französische Forschungsgruppe belegen. Regenwürmer tolerieren zwar eine gewisse Menge an Pestiziden und Fungiziden im Boden und entwickeln sogar Strategien zur Selbstentgiftung, doch müssen sie dafür so viel Energie aufwenden, dass sie in stark belasteten Gebieten langsamer wachsen und sich weniger stark vermehren, so die Forschenden.[18]

Je weniger Regenwürmer es gibt, desto stärker verdichtet sich auch der Boden. Wenn landwirtschaftliche Flächen das Regenwasser nicht aufnehmen können, gerät es in die umliegenden Gewässer, und da es häufig Pestizide, Nitrat und andere Chemikalien enthält, gefährdet dies wiederum die Tiere in Bächen und Flüssen. Damit das Erdreich ausreichend Wasser aufnehmen kann, ist ein zusammenhängendes Netz an Regenwurmgängen nötig, die es wie Abflussrohre in die Tiefe leiten. Dass dieses natürliche Entwässerungssystem durch die maschinelle Bodenbearbeitung beschädigt und sogar lahmgelegt werden kann, ist wissenschaftlich nachgewiesen. Auch ein exzessiver Einsatz von Pestiziden beeinträchtigt die Wasseraufnahmefähigkeit von Böden – wiederum aufgrund der erhöhten Regenwurmsterblichkeit.

Zerstörte Regenwurmgänge und schlecht abfließendes Wasser scheinen auf den ersten Blick vernachlässigbar, doch Hochwasser verursachen in den betroffenen Kommunen und bei den Menschen, die ihre Wohnungen und Häuser verlieren, großes Leid, abgesehen davon, dass auch öffentliche Einrichtungen zerstört werden, wenn Regenwasser nicht versickern kann. Böden voller Regenwurmgänge sind seltener überflutet. Wenn man sich vor Augen hält, dass beispielsweise in den USA mehr Menschen bei Überschwemmungen ums Leben kommen als durch Tornados oder Blitzschlag,[19] wird die immense ökologische Bedeutung dieser Nützlinge verständlich.

Neben der Intensivlandwirtschaft sind Regenwürmer einer sozusagen exotischen Gefahr ausgesetzt: Bestimmte Arten von Plattwürmern – insbesondere der Neuseelandplattwurm *(Arthurdendyus triangulatus)* – stellen für die einheimischen europäischen Regenwurmpopulationen eine ernsthafte Bedrohung dar. Die kleinen, flachen Geschöpfe wurden wahrscheinlich versehentlich im Substrat von Topfpflanzen nach Europa verfrachtet. Der schlanke, sehr bewegliche Neuseelandplattwurm frisst Regenwürmer offenbar furchtbar gerne. Dazu umschlingt er sie zuerst und löst sie mithilfe von Verdauungsenzymen auf. Forschende fanden heraus, dass ein solcher Plattwurm pro Woche vierzehn Regenwürmer vertilgen kann, und wenn er eine Population in einem bestimmten Areal weitgehend dezimiert hat, überlebt er ohne weitere Nahrung ein ganzes Jahr, bis sich der Bestand so weit erholt hat, dass er erneut zuschlagen kann.

Eine aktuelle Studie konstatiert eine unerwartete neue Gefahr für die Gesundheit unserer Regenwürmer: Mikroplastik.[20] Diese weniger als 5 Millimeter großen Plastikteilchen sind inzwischen wirklich überall, in unseren Meeren und unseren Böden. Es gibt zwei Hauptquellen: Das sogenannte primäre Mikroplastik wie Mikrofasern, Mikrokügelchen und Mikropellets, die bereits als winzige Teilchen in die Umwelt gelangen; außerdem größere Plastikstücke – von Plastikflaschen, -tüten, -verpackungen – die mit der Zeit in winzige Teile zerfallen. Vor der genannten Studie hatte sich niemand mit den problematischen Auswirkungen von Mikroplastik auf Regenwürmer beschäftigt. Die in der Streuschicht lebenden Kompostwürmer *(Eisenia fetida)*

setzte man zwei Wochen lang in Erde, die winzige Mengen fluoreszierender Polystyrolpartikel enthielt – selbst in niedrigster Konzentration schädigte das Mikroplastik ihre Zellen bis hin zur DNA.

WAS TUN FÜR DIE WÜRMER? –TIPP 1

FÜTTERN

- Je mehr organisches Material Ihr Boden enthält, desto mehr Regenwürmer werden sich darin tummeln. Unter »normalen« Bedingungen, also in der Wildnis, verändert sich der Zustand des Bodens nicht allzu stark. Der jährliche Zyklus aus Wachstum und Verwelken sorgt zusammen mit den Ausscheidungen und den Kadavern von Tieren dafür, dass kontinuierlich neues organisches Material ins Erdreich gelangt.

- In unseren (Schreber-)Gärten neigen wir dazu, der Erde mehr zu nehmen, als wir ihr geben. Wir kehren welkes Laub zusammen, reißen verdorrte Pflanzen aus und schaffen am Ende der Saison sämtliche Gartenabfälle beiseite – all das jedoch würde eigentlich zu einem reichhaltigen Bodenleben beitragen.

- Man kann Böden auf unterschiedliche Weise organisches Material zuführen: durch hausgemachten Kompost (siehe »Was tun für die Würmer? – Tipp 3«, S. 70), Kompost aus dem Gartencenter oder von der städtischen Kompostieranlage, Pilzkompost aus kommerziellen Pilzzuchten, dem Treber aus Brauereien, gut verrotteten Mist, Kaffeesatz, Rinden- oder Laubkompost.

- Verteilen Sie das organische Material im Frühjahr vor Beginn der Vegetationsperiode – Gartenvereine empfehlen für gewöhnlich, es mindestens fünf Zentimeter tief einzuarbeiten, doch selbst einfach nur großzügig auf der Erde ausgestreut verbessert es die Ernährungssituation der Regenwürmer. Kompost sollten Sie jedes Jahr zuführen.

WIE KANN DIE LANDWIRTSCHAFT WURMFREUNDLICHER WERDEN?

Wer sind die Knechte des Landmanns? [...]
Geologie und Chemie: der Steinbruch der Luft,
das Wasser des Bachs, der Blitz aus der Wolke,
der Auswurf des Wurms, das Pflügen des Frosts.

Ralph Waldo Emerson über die Landwirtschaft, in:
Society and Solitude (1870)

Die gleichen Prinzipien, mit denen man Regenwürmer im privaten Garten glücklich machen kann, gelten auch für die Landwirtschaft. Die Tiere brauchen große Mengen an verrottenden Pflanzen und möchten möglichst wenig gestört werden.

Wenn bei der Bewirtschaftung die Rückstände der Nutzpflanzen immer entfernt werden, bevor sie in die Erde wandern können, werden die Würmer kaum Nahrung finden. Indem man auch auf landwirtschaftlich genutzten Flächen die Menge an organischem Material erhöht (in Form von Getreidestoppeln, Gründüngung wie Klee oder Wicke, die zugleich als Mulch dient, Fruchtwechsel) oder sogar einen Teil des Ackerlands dauerhaft in Wie-

senflächen umwandelt, sorgt man für ausreichend Wurmfutter.

Auch das Umpflügen des Bodens, vor allem mit schweren Maschinen, stellt die Regenwürmer vor eine Reihe von Problemen: Es zerstört ihre Gänge, ihre Kokons werden verschoben, sie selbst an die Oberfläche befördert, wo sie entweder durch UV-Strahlung oder Austrocknung verenden oder gefressen werden. Auch trocknet der Boden durch die Bearbeitung aus, was für Lebewesen, die auf Feuchtigkeit angewiesen sind, eine Katastrophe ist. Daher wird bereits mit Methoden experimentiert, um die Bodengesundheit und die Wurmbestände zu erhöhen, beispielsweise verzichtet man schon aufs Pflügen, belässt Rückstände der Nutzpflanzen im Boden, baut Zwischenfrüchte an und setzt bodenschonende Maschinen ein.

Der Landwirtschaft allein die Schuld zuzuweisen ist unfair, wir alle tragen Mitschuld an dem Problem. Da wir immer billigere Lebensmittel erwarten, herrscht ein enormer Preisdruck, der die Landwirtinnen und Landwirte zwingt, ihren Arbeitsaufwand zu senken und gleichzeitig ihre Erträge zu steigern. Verstärkt wird diese Entwicklung noch durch kurze Pachtlaufzeiten, die langfristig nachhaltiges Wirtschaften verhindern, sowie die Nachfrage nach Pflanzen wie Mais, um aus ihnen Energie zu gewinnen. Auch sie tragen zu einer weiteren Verarmung unserer Böden bei. Zudem wurden von staatlicher Seite lange Zeit zu wenig Anstrengungen unternommen, um die Landwirtschaft bei der Entwicklung innovativer Methoden und dem Einsatz neuartiger Geräte zu unterstützen, zum Beispiel in Form von Fortbildungen und finanziellen Anreizen.

HABEN REGENWÜRMER EINFLUSS AUF DEN KLIMAWANDEL?

Das Wohlergehen der Böden, Pflanzen, Tiere und Menschen ist nicht voneinander zu trennen.

Sir Albert Howard (1873–1947)

In den vergangenen Jahren standen Regenwürmer zeitweise sogar im Verdacht, zur Klimaerwärmung *beizutragen*. Die Böden sind ein riesiges Speichersystem für Kohlenstoff, den die Pflanzen der Luft in Form von Kohlendioxid entziehen und über ihre Wurzeln in die Erde transportieren. Die landwirtschaftliche Bodenbearbeitung wiederum beschleunigt die Rückführung des Kohlenstoffs in die Atmosphäre. Da Regenwürmer das Erdreich ebenfalls bewegen, könnten sie mitverantwortlich dafür sein, das im Boden gebundene Kohlendioxid freizusetzen, mutmaßte die Forschung.

Inzwischen haben jedoch neue Studien nachgewiesen, dass Regenwürmer sogar dazu beitragen, den Kohlenstoff *länger* in der Erde zu binden. Auf dem Weg durch das Verdauungssystem des Wurms wird er nämlich in eine Form umgewandelt, die dem Zersetzungsprozess besser widersteht. Auch scheidet der Wurm die Erde in einer Krümelstruktur aus, die Kohlenstoff nicht nur länger speichert, sondern auch mehr Pflanzen wachsen lässt, die wiederum mehr Kohlenstoff aus der Atmosphäre absorbieren können.

Auch wurde herausgefunden, dass die Tiefgräber unter den Würmern den Kohlenstoff von der Oberfläche in den Untergrund transportieren, wo er ungestört verbleibt, während Kohlenstoff im Oberboden durch landwirtschaftliche Bearbeitung leicht freigesetzt werden kann.

WÜRMER IM WELTALL

Zwar haben wir bisher noch kein Leben auf anderen Planeten entdeckt, doch tragen Regenwürmer zur Erforschung des Weltalls bereits ihren Teil bei. In einem hochinteressanten Experiment wurde untersucht, ob Regenwürmer in einem Substrat überleben können, das den Bodenproben vom Mars ähnelt. Für die Besiedelung des Roten Planeten wäre es entscheidend, dort Nutzpflanzen anbauen zu können – und das geht laut Wissenschaft nur, indem der Mensch den Marsboden verändert, der bis jetzt unfruchtbar und voller toxischer Substanzen ist.

Bei dem faszinierenden Versuch überlebten die Regenwürmer nicht nur in dem simulierten Marsboden, sie begannen sogar sich zu vermehren. Der Schlüssel zu einer autarken Landwirtschaft im Weltraum wäre ein Nährstoffkreislauf, in dem sich Pflanzen und menschliche Abfälle wieder in Erde verwandeln – und dabei werden Regenwürmer eine entscheidende Rolle spielen, glaubt die NASA. In der nächsten Versuchsphase will man herausfinden, welche Pilze und Bakterien im Marsboden überlebensfähig wären und – besonders wichtig – wie

Pflanzen bestäubt werden könnten. Die Hummel steht dementsprechend als Nächste auf der Liste der Forschenden.

Die Raumfahrt hat auch dazu beigetragen, ein irdisches Rätsel zu lösen: Die Feuchtgebiete am Orinoko in Südamerika sind übersät von Erdhügeln – ein Phänomen, das erst in den 1940er-Jahren wissenschaftlich beschrieben wurde, der Bevölkerung vor Ort aber längst bekannt war. Wie dieses Riesenmosaik aus gleichmäßig verteilten gleichförmigen Hügeln entstanden war, konnte aber bis vor Kurzem niemand erklären. Die von den Einheimischen *surales* genannten Haufen sind bis zu zwei Meter hoch und fünf Meter breit. Dass sich ihre gesamte Fläche über rund 75 000 Quadratkilometer erstreckt, lässt sich nur mithilfe von Satellitenbildern erkennen. Inzwischen weiß man, dass die riesigen Regenwürmer der Art *Adiorrhinus* ihren Kot an die Oberfläche befördern, während sie sich durch die wassergesättigten Böden graben.

WARUM HEISST DER WURM »WURM«?

Als der Wurm erwachte, seine Wut brach aus:
Er beroch den Stein, mit starken Sinnen
Fand er des Feindes Spur …

Aus dem mittelalterlichen
Heldengedicht *Beowulf*

Letztlich war für die Benennung der kleinen Tierchen ihre Fortbewegungsart entscheidend, denn die indogermanische Wurzel *uer-, die das deutsche *Wurm* mit dem lateinischen *vermis* oder dem englischen *worm* verbindet, stand für »drehen, biegen, winden, flechten«.

Das Substantiv *Wurm* ist schon alt, doch seine ursprüngliche Bedeutung »der sich Windende« hat sich im Lauf der Zeit geändert. Im Alt- und Mittelhochdeutschen umfasste es alle möglichen unbeliebten Kriechtiere, Schlangen und Insekten. Würmer galten als schädlich, abstoßend, gefährlich.

Der *Wurm* in der alten Bedeutung »Schlange, Drache« konnte sich auch auf für Menschen gefährliche Fabelwesen beziehen. So taucht er in der Zusammensetzung »Lindwurm« als eine Art Drache in alten germanischen Sagen auf, als »Tatzelwurm« (den man sich etwas kleiner vorstellte als den Lindwurm) in Sagen des Alpenraums.

Das deutsche Wort *Regenwurm* hat vermutlich nichts mit dem Niederschlag zu tun (im Englischen heißt er *earthworm*, also Erdwurm), sondern entwickelte sich aus der noch im 17. Jahrhundert gebräuchlichen Bezeichnung *reger Wurm*, geht also ebenfalls auf seine arttypischen Bewegungen zurück. Dass man den Namen heute mit dem Wetter in Verbindung bringt, liegt vermutlich daran, dass die Würmer bei Regen massenhaft an die Oberfläche kommen.

GUT ZU WISSEN

Der Ursprung des lateinischen Namens *Lumbricus terrestris* für den Gemeinen Regenwurm ist unklar. Der zweite Bestandteil *terrestris* steht für Erde, aber *lumbricus?* Das Wort könnte mit dem lateinischen *umbilicus* (Nabel) und dem alten Glauben zusammenhängen, Würmer in der Erde und Würmer im Darm seien ein und dieselbe Art.

WARUM FAND DARWIN REGENWÜRMER SO FASZINIEREND?

In seinen letzten Lebensjahren beschloss der Naturforscher Charles Darwin, ein Buch über Regenwürmer zu schreiben. Während seine Kollegen aus der Wissenschaft dieses Thema zu unspektakulär für einen der bedeutendsten Biologen der Welt hielten, war Darwin schon lange begeistert von diesen noch »unbesungenen Wesen, die millionenfach, doch unerkannt, das Land verändert haben«.

Ein ziemlich gewagtes Thema, nicht zuletzt, weil Regenwürmer im 18. und 19. Jahrhundert noch als Ärgernis galten, als lästige Schädlinge, von denen man das Erdreich befreien sollte. François Rozier stellte in seinem *Universallexikon der Agrarwissenschaft* in der zweiten Hälfte des 18. Jahrhunderts klar, dass Regenwürmer ganz üble Kreaturen seien, die es mit allen Mitteln auszurotten gelte: »Jeder Gärtner ... weiß, welchen Schaden Würmer bei der Saat anrichten ... Daher ist es von Vorteil, wenn man weiß, mit welchen Mitteln sie zu vernichten sind.« Darauf folgt eine lange Liste von Methoden, um Regenwürmer zu entfernen und zu töten. Unter

anderem könne man sie mitten in der Nacht mit einer Laterne überraschen und einsammeln, mit einem Hammer auf den Boden schlagen oder einen Pfahl hineinrammen und daran rütteln, bis sie herauskommen, und dann die Erde mit diversen giftigen Gebräuen übergießen. (Rozier selbst nahm übrigens ebenfalls ein eher unschönes Ende, er starb zu Zeiten der Französischen Revolution, während der Belagerung von Lyon, bei einer Explosion in seinem Haus.)

Auch die Bauern waren den Regenwürmern feindlich gesinnt und machten sie für Schäden an ihrem Getreide verantwortlich. Der Rübenbauer Henry Vagg beispielsweise beklagte sich 1788 in einem Brief an den *Hampshire Chronicle*, sie würden seine wertvollen Rübensetzlinge ruinieren: »Der Gemeine Regenwurm sorgt mit seinem Treiben dafür, dass der Erdboden rund um die Pflanzen locker und löcherig wird, sodass sie viel leichter beschädigt werden.« Henry brüstete sich damit, das Problem mit wiederholtem Plätten und Pressen des Bodens zu lösen, was unserem heutigen Wissen über die fatalen Folgen der Bodenverdichtung komplett zuwiderläuft.

Darwin jedenfalls ließ sich von der bäuerlichen Verunglimpfung des Regenwurms nicht beirren, und veröffentlichte 1881 die in vierzig Jahren zusammengetragenen Erkenntnisse zum Gemeinen Regenwurm *(Lumbricus terrestris)*. Der ausführliche

Titel seines Buchs lautete *Die Bildung der Ackererde durch die Thätigkeit der Würmer* (im Original *The Formation of Vegetable Mould through the Action of Worms, with Observations on their Habits*, häufig nur verkürzt als *Worms* bezeichnet). Angesichts des schnöden Themas erwies es sich als richtiger Bestseller mit bereits 3 500 verkauften Exemplaren im ersten Monat, obwohl sogar Darwin selbst von einem »kleinen Büchlein von begrenzter Wichtigkeit« sprach. Drei Jahre später lag die verkaufte Auflage bereits bei 9 000 Exemplaren und übertraf damit andere seiner Bucherfolge, auch *Über die Entstehung der Arten*. Der Autor war vom Interesse an diesem Buch verblüfft, wie man einem Brief vom 8. November 1881 an den Geologen Thomas Mellard Reade entnehmen kann, in dem Darwin schwärmte: »Es kam für mich völlig überraschend, wie viele Menschen sich für das Thema interessieren.« Im selben Monat schrieb er noch an einen weiteren Freund, den Botaniker William Turner Thiselton-Dyer: »Es ist beinahe lachhaft, auf welche Begeisterung mein Buch stößt. Es wurden schon 3 500 Exemplare verkauft!!«

Es mag erstaunen, welchen Grund Darwin für sein Forschungsinteresse unter anderem nannte – für einen Wissenschaftler hatte er eine erstaunlich philosophische Ader. Aus seiner Sicht waren gerade die kleinsten und scheinbar unbedeutendsten Lebewesen der Schlüssel zu den spektakulärsten

Vorgängen in der Natur. Jedenfalls stammte die ursprüngliche Idee zu diesem Projekt von seinem Onkel Josiah Wedgwood II (Sohn des Gründers der berühmten Keramikwarenmanufaktur), der eine Erklärung dafür wünschte, warum die organischen Abfälle auf seinen Gartenboden mit der Zeit verschwanden.

Wedgwood hatte bereits eine Ahnung, dass Regenwürmer dafür verantwortlich sein könnten, doch erst sein Neffe konnte mit seinen Experimenten das Rätsel lösen. Darwin deponierte seinen inzwischen berühmten »Wurmstein« auf der Erde (es handelte sich um einen runden Stein mit einem Pflock zum Messen in der Mitte) und zeichnete auf, wie er mit den Jahren langsam versank. Darwin erkannte, dass die Würmer durch den Bau ihrer Röhren unter der Oberfläche immer neues Erdreich nach oben beförderten und so alles *auf* der Oberfläche – ob kleine Kiesel oder großer Felsblock – langsam versank.

Auch das Verhalten der Regenwürmer faszinierte Darwin, der als einer der ersten Wissenschaftler vermutete, dass sie Beziehungen pflegen (siehe »Haben Regenwürmer Freunde?« S. 153), Futtervorlieben haben, helles Licht verabscheuen und sensibel auf Erschütterungen reagieren. Er traute ihnen sogar ein gewisses Maß an Intelligenz zu. Begeistert konstatierte er, dass die Würmer in seinen Experimenten bestimmte Blätter, basierend auf ihrer

Form, bevorzugten. Meist packten sie ein Blatt an seinem spitzeren Ende, da sie es so leichter in ihre Gänge ziehen konnten. Das Gleiche konnte er auch beobachten, wenn er Papier in kleine gleichschenkelige Dreiecke schnitt: Die Regenwürmer erleichterten sich in den meisten Fällen den Transport in ihre Röhren, indem sie an der Spitze der Dreiecke zogen. Voller Staunen notierte Darwin: »Wenn die Würmer das Vermögen haben, irgend eine, wenn auch noch so rohe Vorstellung von der Gestalt eines Gegenstandes und ihrer Höhlen zu erlangen, wie es der Fall zu sein scheint, so verdienen sie intelligent genannt zu werden; denn sie handeln dann in nahezu derselben Art und Weise, wie ein Mensch unter ähnlichen Umständen handeln würde.«[21] (Vgl. »Kann man Regenwürmer dressieren?« S. 145).

WAS TUN FÜR DIE WÜRMER? – TIPP 2

NICHT UMGRABEN

- Würmer wollen ungestört sein. Ständiges Hacken und Umgraben des Bodens beeinträchtigt nicht nur ihr instinktives Verhalten, es zerstört auch ihre Gänge und birgt die Gefahr, sie zu zerstückeln. Außerdem stört die übliche Bodenbearbeitung auch das fragile Ökosystem im Erdreich: In einer Handvoll Erde befinden sich mehr Lebewesen als Menschen auf der ganzen Welt. In einer quicklebendigen unterirdischen Community sind Milliarden von Mikroorganismen wie Bakterien, Algen, Pilze und Nematoden also Fadenwürmer, am Werk, ein Viertel aller Lebewesen dieses Planeten. Sie auf- und umzuwühlen ist, als würde man mit einem Bulldozer durch den Regenwald fahren. Es setzt diese Organismen dem für sie schädlichen UV-Licht aus, zerstört die Balance der einzelnen Schichten und reduziert damit letztlich die Fruchtbarkeit und Funktionalität des Bodens.

- Eigentlich müssen Sie Ihren Boden nicht belüften – das erledigen die Würmer für Sie, genau wie sie es Ihnen abnehmen, das organische Material einzuarbeiten. Wenn Sie das Graben nicht vermeiden können, benützen Sie eine Grabegabel. Ebenso sollten Sie nicht zu viel auf dem Erdreich herumtrampeln, um es nicht zu verdichten. Dies zu vermeiden helfen Trittsteine, Holzbohlen, Gartenwege sowie erhöhte und nicht zu breite Beete.

KANN MAN REGENWÜRMER ESSEN?

Niemand liebt mich. Ich werde in den Garten gehen und Würmer essen.

Anonym (frühes 20. Jahrhundert)

Für das Volk der Makiritare in Venezuela sind Regenwürmer ein wichtiger Bestandteil ihrer Ernährung. Sie essen zwei Arten, *Andiorrhinus kuru* und *Andiorrhinus motto*, die nicht nur hochwertige Proteine enthalten, die denen von Kuhmilch und Eiern vergleichbar sind, sondern auch Fette, Mineralien und Spurenelemente, darunter große Mengen Kalzium und Eisen (zehnmal so viel wie Sojabohnen).[22]

Die Makiritare bereiten sie entweder in heißem, aber nicht kochendem Wasser (60 bis 80°C) zu, oder, wenn sie besonders gut schmecken sollen, räuchern sie sie über Holzfeuer. Die geräucherten Würmer gelten als Delikatesse und sind dreimal teurer als geräucherter Fisch oder Rauchfleisch. Auch bei den Maori in Neuseeland, den Aborigines in Australien und den Nomaden in Papua-Neuguinea stehen traditionell Regenwürmer auf dem Speiseplan.

Mit Blick auf die Zukunft wächst der Appetit auf neue Proteinquellen, weswegen Wissenschaftler:innen bereits Regenwürmer als Nahrungsquelle für Mensch und Tier untersuchen. Die Zucht wirbelloser Tiere könnte ein Baustein der Lebensmittelsicherheit bis ins nächste Jahrhundert sein und den schlimmsten Folgen der globalen industriellen Tierhaltung entgegenwirken. Man kann bereits getrocknete und geräucherte Würmer als Snacks kaufen, ebenso Wurmmehl, das sich Gerichten oder Energieriegeln zur Erhöhung des Proteingehalts zusetzen lässt.

Sollten Sie also gleich mal in den Garten laufen und ein paar Regenwürmer kosten? Eher nicht, denn die schmecken zunächst einmal nach dem, was sie fressen. Regenwürmer aus dem Garten schmecken nach Erde, weswegen Würmer für die Lebensmittelherstellung mit Gemüseabfällen, Maismehl und anderen nicht aus Erde bestehenden Substanzen gefüttert werden.

Außerdem enthalten Gartenwürmer möglicherweise schädliche Parasiten und Bakterien, weswegen Ihnen recht übel werden könnte, wenn Sie sich mit dem Reinigen und Kochen nicht genau auskennen. In einigen Fällen erkrankten Menschen sogar schwer, nachdem sie absichtlich oder versehentlich »wilde« Regenwürmer gegessen hatten. In einem klinischen Fall in den USA bekam eine Sechzehnjährige einen Monat nachdem sie als Mutprobe einen Regenwurm verspeist hatte, Husten sowie diverse Blut- und Lungenerkrankungen.[23] Nach Untersuchungen stellte sich heraus, dass der Regenwurm Träger von Toxocara-Larven war, ein krankmachender Parasit, der im Darm von Hunden und Katzen vorkommt, mit deren Kot ausgeschieden wird und so auch im Erdreich landen kann.

Noch wichtiger vielleicht ist die Tatsache, dass der Regenwurm der Freund aller Gärtner:innen ist. Würmer in der freien Natur sind im Gegensatz zu kommerziell gezüchteten Würmern für die Bodengesundheit so wichtig, dass es dem gesunden Menschenverstand widerspräche, sie der Nachhaltigkeit zuliebe als Nahrungsquelle zu betrachten. Wir naschen ja auch keine Rotkehlchen.

GUT ZU WISSEN

Durchschnittlich enthalten Regenwürmer 5 Kalorien pro Gramm. Somit schlägt der Gemeine Regenwurm *(Lumbricus terrestris)* mit etwa 20 Kalorien zu Buche – genauso viel wie zwei Rosenkohlröschen.

WARUM FINDEN MANCHE LEUTE REGENWÜRMER EKLIG?

essbar ersprießlich zu essen und förderlich zu verdauen wie der Wurm für die Kröte, die Kröte für die Schlange, die Schlange für das Schwein, das Schwein für den Menschen und der Mensch für den Wurm.

Ambrose Bierce: *Des Teufels Wörterbuch*[24]

Manchen Menschen dreht es beim Gedanken, einen Vertreter des Stamms der Ringelwürmer zu essen, den Magen um. Leicht wird es wohl nicht werden, Snacks aus Regenwürmern zu verkaufen. Doch warum? In den 1990er-Jahren führte die London School of Tropical Medicine eine aufwendige internationale Untersuchung durch, um herauszufinden, wovor sich Menschen unabhängig von Nationalität und kultureller Prägung ekelten. Neben vielen kulturellen Besonderheiten und regionalen Empfindlichkeiten stieß man offensichtlich auf einen harten Kern von Dingen, die Menschen weltweit abstoßend fanden. Dazu gehörten (in keiner besonderen Reihenfolge) Ausscheidungen, Körperteile (Wunden, Leichen, Fußnägel usw.), faulende Lebensmittel, kranke Menschen und interessanterweise auch Würmer.

Die Psychologie geht davon aus, dass eine nahezu universelle Abneigung gegen diese Tiere ihren Ursprung in der Genetik oder Evolution haben muss. Möglicherweise hat der Mensch im Laufe seiner Entwicklung gelernt, sich vor bestimmten schädlichen Spezies fernzuhalten, in diesem Fall menschliche Darmparasiten wie dem Bandwurm. Der Ekel davor könnte daher fest in unseren Hirnen verankert sein, obwohl die meisten Würmer völlig harmlos sind. Auch ist der Widerwille bei einigen schwächer ausgeprägt, und nur die Vorstellung, Würmer zu essen, erregt bei ihnen Ekel, während andere sich bereits bei ihrem bloßen Anblick grausen. Kleinere menschliche Gemeinschaften, zu deren Ernährung auch Würmer gehören, haben ihren instinktiven Ekel womöglich irgendwann aufgrund schierer Not überwunden, worauf mit der Zeit wichtige langlebige kulturelle Muster das evolutionäre Verhalten überschrieben haben.

WÜRMER ALS THERAPIE

Wenn Sie, mein Herr, Ihr Leben lieben,
ist ein, zwei Tage vor dem
Abführmittel vorgeschrieben,
drei Würmer einzunehmen,
nicht weniger, nicht mehr,
denn ungerade Zahlen lieben Götter sehr.

John Dryden, *Der Hahn und der Fuchs* (1700)

Regenwürmer waren über Jahrhunderte auch ein Bestandteil von Arzneimitteln. Heiler in Burma und Indien nutzten sie lange Zeit unter anderem zur Behandlung von Zahnfleischerkrankungen und Pocken sowie zur Stärkung von Wöchnerinnen.[25] Im Iran buk man gegen Blasensteine Würmer in Brot ein, man aß sie getrocknet gegen Gelbsucht, und ihre Asche sollte, in die Kopfhaut einmassiert, das Haarwachstum anregen. In einem Handbuch der traditionellen chinesischen Medizin aus dem 16. Jahrhundert werden Regenwürmer als »Erddrachen« bezeichnet und ebenfalls gegen Gelbsucht sowie als harntreibendes Mittel und zur Fiebersenkung empfohlen. Noch immer werden sie in China als traditionelles Mittel gegen Krämpfe und Asthma eingesetzt.

Der römische Schriftsteller und Naturforscher Plinius der Ältere (23/24–79 n. Chr.) empfahl in seiner *Naturkunde* Regenwürmer gegen zahlreiche Leiden. Im 39. Kapitel des 30. Buchs lesen wir folgenden hilfreichen Ratschlag:

»Regenwürmer kleben frische Wunden zusammen, und zwar so sehr, daß sie, wovon man überzeugt ist, auch zerschnittene Sehnen durch Aufstreichen innerhalb von sieben Tagen wieder zusammenheilen; deshalb rät man, sie in Honig aufzubewahren. Die Asche (von Regenwürmern) beseitigt mit Teer oder mit *symphyton* und Honig die härteren Ränder von Geschwüren. Manche verwenden an der Sonne getrocknete Würmer mit Essig für die Wunden und entfernen sie erst nach zwei Tagen wieder.«[26]

Regenwürmer empfiehlt Plinius verbrannt auch zur Entfernung von Knochensplittern, in Wein eingelegt zur Ausstoßung der Nachgeburt und zum Einreiben gegen Brustabszesse, in Met zur Anregung der Milchbildung. In Öl gekocht und ins Ohr geträufelt, würden sie Zahnschmerzen lindern, und mit Wurmasche solle man faule Zähne einreiben, um sie leichter herausziehen zu können. Der bescheidene Regenwurm, so Plinius, helfe auch gegen

Hühneraugen, Nierensteine, Gelbsucht und Cellulitis, beuge Krampfadern vor und halte das Ergrauen der Haare auf.

Auch in der Tiermedizin wurden Würmer eingesetzt. Zu einer aus Yorkshire stammenden Therapie gegen die Pferdestaupe gehörte 1764 laut *The Scots Magazine* auch eine Tasse voll Würmer, die man in ein Stück Stoff einschlagen und in Bier kochen sollte.

Im Beutel gekochte Würmer braucht man vielleicht nicht unbedingt zu probieren, doch die Erforschung ihres medizinischen Potenzials steht noch ganz am Anfang. Klinische Studien haben jedenfalls ergeben, dass Regenwürmer bemerkenswerte Stoffe beinhalten, die antibakteriell, antioxidativ und entzündungshemmend wirken, die Wundheilung fördern, Tumore bekämpfen, die Leber schützen und der Bildung von Blutgerinnseln entgegenwirken können.[27] Eine so große Bandbreite bioaktiver Substanzen macht Regenwürmer als Arzneistoff für die Pharmaindustrie hochattraktiv. Nicht völlig unwahrscheinlich, dass Herz- und Gefäßkrankheiten in naher Zukunft mit Medikamenten aus Regenwürmern therapiert werden. Abgesehen vom Haarstärkungsmittel lag der gute alte Plinius offenbar nicht so weit daneben.

GUT ZU WISSEN

Nicht alle hielten Regenwürmer für Medizin. Im Jahr 1908 war Dr. Hiram Walker, ein Arzt aus Buffalo, überzeugt davon, dass sie für Krebs verantwortlich seien. Nach siebenjähriger Forschung war er zu dem Ergebnis gekommen, dass Krebs von Parasiten verursacht werde, die aus Regenwürmern »ausströmen«, und riet seinen Patienten, präventiv auf Gemüse zu verzichten.[28]

WAS TUN FÜR DIE WÜRMER? – TIPP 3

WIE MAN EINEN KOMPOSTHAUFEN ANLEGT

- Sehen Sie einen Komposthaufen wie ein Kochrezept. Wenn man von bestimmten Zutaten zu viel verwendet, wird es nicht funktionieren, aber sind sie fein aufeinander abgestimmt, werden Sie mit einer dunklen, fruchtbaren Substanz belohnt, die Sie in Ihrem Garten verteilen können, um Regenwürmer anzulocken.

- Ein Komposthaufen braucht sowohl Stickstoff als auch Kohlenstoff. Stickstoffreiches Material ist in der Regel saftig, grün oder nass, wie Grasschnitt, grüne Blätter oder Gemüseschalen. Kohlenstoffreiches Material ist in der Regel trockener und braun, wie Pappe oder holzige Pflanzenstiele, und sorgt für die nötige Durchlüftung des Komposts. Das Verhältnis der beiden Elemente sollte etwa 50 zu 50 betragen, weswegen Sie zu jeder Portion grünem Material etwa die gleiche Menge braunes hinzufügen sollten.

- Ob Sie Ihren Kompost als Haufen anlegen, in einem Boxensystem oder in einer Komposttonne, hängt von den Bedürfnissen und der Größe Ihres Gartens ab und wie viel Platz Sie ihm einzuräumen bereit sind.

- Schichten Sie im Lauf des Jahres einfach grüne und braune Schichten übereinander. Solange Sie sich an die 50-50-Regel halten, vermeiden Sie sowohl einen schleimigen, stinkigen Haufen Matsch (zu viel Grün) als auch einen trockenen, dürren Stapel, der jahrelang nicht verrottet (zu viel Braun). Je vielfältiger das Material ist, desto besser – es sollten nicht ein oder zwei Zutaten dominieren. Am Ende dieses Abschnitts können Sie einer Liste entnehmen, was als grünes und was als braunes Material zu werten ist.

- Viele Leute wenden ihren Komposthaufen regelmäßig (zum Beispiel monatlich), um die Verrottung zu beschleunigen. Wenn Sie jedoch keine Komposttonne, sondern einen offenen Haufen haben, sollten Sie berücksichtigen, dass möglicherweise Igel, Hummeln oder Kröten Ihren Kompost als Nest nutzen. In diesem Fall schichten Sie Ihren Kompost besser nur einmal jährlich im Spätfrühling um, denn nur dann können Sie sicher sein, dass Sie bei der Belüftungsaktion keine darin hausenden Tiere verletzen. Igel zum

Beispiel überwintern zwischen November und Ende März in Komposthaufen, nutzen ihn aber auch zwischen Mai und Oktober als Nistplatz oder tagsüber als Rückzugsort. Manche Leute lassen ihren Komposthaufen auch einfach in Ruhe – Kompost entsteht trotzdem, es dauert nur ein wenig länger.

- Eine Wurmfarm/Wurmkiste kann dazu beitragen, die natürliche Wurmdichte Ihres Gartens zu erhöhen. Dabei handelt es sich um einen Behälter mit Kompostwürmern wie *Eisenia fetida* oder *Eisenia hortensis/Dendrobena*. Diese bleiben in der Wurmkiste, wo sie Ihre pflanzlichen Küchenabfälle in Wurmkompost und flüssigen Dünger (auch als Wurmtee/Komposttee bezeichnet) verwandeln. Indem Sie den Wurmkompost in Ihrem Garten ausbringen, locken Sie damit weitere Regenwürmer an. (Im Internet finden Sie zahlreiche Bezugsquellen und Informationsseiten zu Kompostwürmern und Wurmkisten.)

Grün (stickstoffreiches Material)
Grasschnitt, rohe Obst- und Gemüseabfälle, Brennnesseln, welke Blumen, Teeblätter und Kaffeesatz, Pferde- oder Schafmist (aber nie Katzen- oder Hundekot!), Vogelkot, Haare von Mensch und Tier.

Braun (kohlenstoffreiches Material)
Gehäckselte Zweige, Baum- und Heckenschnitt, Holz- und Rindenstücke, welkes Laub, braunes Papier, Karton und Pappe (zerrissen), z. B. leere Klorollen, Eierschachteln (zerknüllt, dadurch entstehen luftgefüllte Hohlräume, die die Kompostierung beschleunigen), Heu und Stroh, Sägemehl.

Der KÖRPERBAU *des* REGENWURMS

Ich will keine Fliege sein!
Ich will ein Wurm sein!

Charlotte Perkins Gilman,
A Conservative (1915)

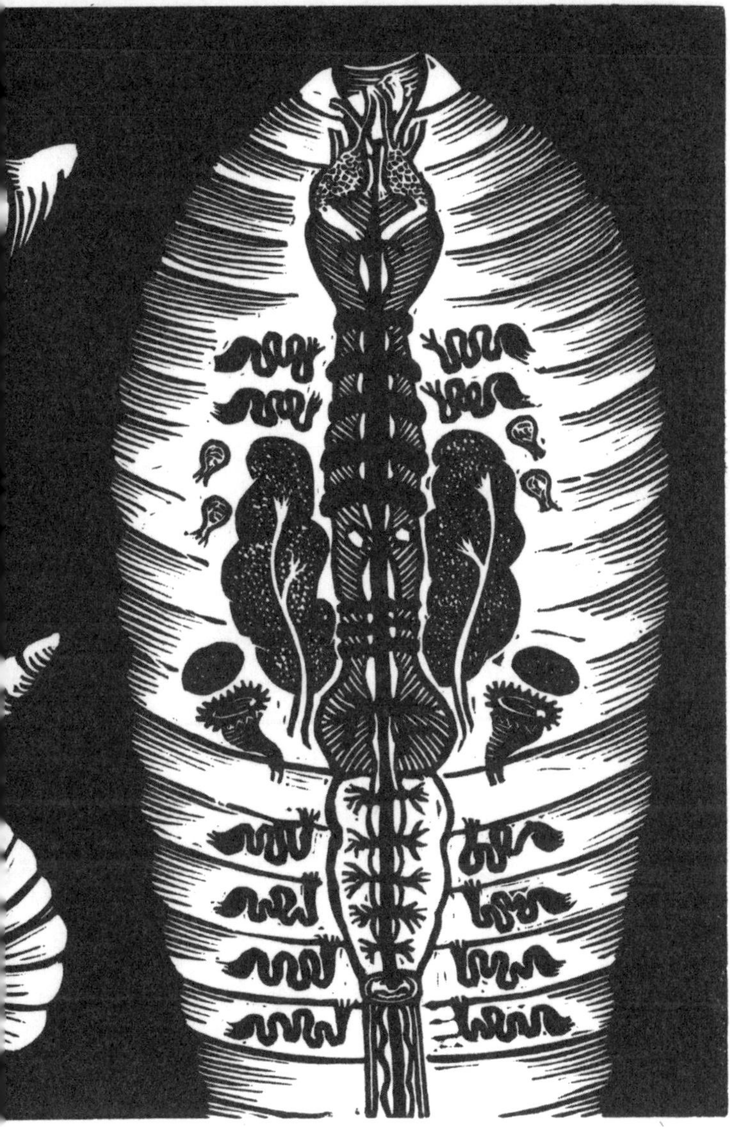

Regenwürmer sind im Grunde ein langes Verdauungssystem mit Mund an einem Ende und Anus am anderen. Sie gehören zu den wirbellosen Tieren, haben also kein Skelett, sondern bestehen aus scheibenartigen Segmenten, in denen sich Muskeln und Flüssigkeit befinden. Je nach Regenwurmart unterscheidet sich die Anzahl der Segmente – so besteht ein ausgewachsener Gemeiner Regenwurm (*Lumbricus terrestris*) aus hundert bis hundertfünfzig Segmenten.

Verdauungssystem: Regenwürmer gehören zum Stamm der Ringel- oder Gliederwürmer (*Annelida*, was Ringlein bedeutet) und sind eng verwandt mit den Blutegeln und Seeringelwürmern. Das Verdauungssystem dieser Würmer durchzieht ihren Körper der Länge nach und besteht aus Mund, Speiseröhre, Kropf (zur Nahrungsspeicherung), Muskelmagen (in dem die Nahrung zermahlen wird), Darm und Anus.

Lunge und Herz: Regenwürmer besitzen keine Lunge, sondern atmen durch die Haut. Fünf Paar sehr einfach gebaute »Herzen«, sogenannte Aortenbögen, die sich in Kopfnähe befinden, pumpen Blut durch seinen Körper. Über die feinen Haargefäße direkt unter der Haut nimmt das Blut Sauerstoff auf und gibt Kohlendioxid ab. Das funktioniert nur, solange die Wurmhaut feucht ist, weswegen Würmer nicht nur in feuchter Umgebung leben, sondern sich auch in eine Schleimschicht hüllen, die sie mithilfe von Schleim produzierenden Zellen bilden. Trocknet ein Regenwurm aus, stirbt er.

Nervensystem: Regenwürmer verfügen über ein Nervensystem, das ihre Bewegungen steuert und dafür sorgt, dass sie Außenreize wie Hitze, chemische Veränderungen, Erschütterungen, Temperatur oder Licht wahrnehmen. Ihr zentrales Nervensystem besteht aus einem sehr einfachen Gehirn und einem langen Nervenstrang, der fast ihren gesamten Körper durchzieht. Auf diesem Strang sitzen Knoten, die sogenannten Ganglien, die wie Minicomputer das jeweilige Segment, in dem sie sich befinden, steuern. Vom Hauptstrang zweigen weitere Nerven ab, die mit den Muskeln und Sensoren verbunden sind. Das Gesamtsystem nimmt kontinuierlich Umweltinformationen auf, mit deren Hilfe sich der Wurm durch das Erdreich bewegt.

KÖNNEN REGENWÜRMER SEHEN?

Wenn man unter der Erde lebt, bringen Augen nicht sonderlich viel – was nicht heißt, dass Regenwürmer kein Licht sehen oder zumindest wahrnehmen könnten. Statt wie Säugetiere über Augen verfügen sie über sogenannte Fotorezeptoren auf ihrer Haut, lichtempfindliche Zellen, mithilfe derer sie den Grad von Dunkelheit oder Helligkeit ausmachen können, falls sie gezwungen sind, an die Oberfläche zu kommen.

Regenwürmer vertrocknen und sterben bei warmem, sonnigem Wetter, weswegen der Gemeine Regenwurm *(Lumbricus terrestris)* vor allem nachts aktiv ist, wenn er ungestört von Hitze und Tageslicht zur Nahrungsaufnahme und zur Paarung aus dem Boden kommen kann. So geht er auch bestimmten Fressfeinden aus dem Weg – allerdings sind einige von ihnen, beispielsweise Igel, ebenfalls zwischen Abend- und Morgendämmerung unterwegs.

Dank ihrer Fotorezeptoren können die Würmer auch unterschiedliche Lichtfarben unterscheiden. Weißem und blauem Licht, wie es im Tageslicht überwiegt, gehen sie aus dem Weg, während rotes und orangefarbenes Licht, wie es spätabends oder frühmorgens vorherrscht, sie nicht zu beeinträchtigen scheint.

WARUM KRÜMMEN SICH REGENWÜRMER BEI TAGESLICHT?

Gärtner und Bauern verabscheuen Regenwürmer, die einen, weil sie den Rasen unansehnlich machen und viel Arbeit verursachen, die anderen, weil sie glauben, die Würmer fräßen ihr Getreide. Doch würden diese Menschen bald merken, dass der Boden ohne Würmer kalt, fest und wegen der fehlenden Fermentation steril wäre.[29]

Gilbert White, *Die Erkundung von Selborne* (1777)

Regenwürmer sind derart lichtempfindlich, dass bereits eine Stunde Tageslicht sie komplett lähmen kann. In Experimenten stellte sich heraus, dass unterschiedliche Regenwurmarten unterschiedlich tolerant auf UV-Licht reagieren: Wenig überraschend vertragen Bewohner der Streuschicht UV-Strahlung besser als die Flach- oder Tiefgräber, lange hält sie jedoch keiner aus. Stattdessen ruft Licht sogleich ungewöhnlich starke Muskelkontraktionen hervor: Die Regenwürmer verbiegen sich zu dem charakteristischen S und scheinen zu springen und zu zappeln. Warum genau sie diesen »Todestanz« vollführen, kann man noch nicht erklären, aber vermutlich verwirrt sie das UV-Licht und beeinträchtigt ihre Koordination.[30] Auf jeden Fall schädigt es innerhalb kürzester Zeit ihre Hautzellen, und da Regenwürmer diese zum Atmen benötigen, ersticken sie folglich. Das ist letztlich der Grund, warum ein Regenwurm im hellen Morgenlicht »wie ein Kaninchen in seine Höhle hinabschießt«[31], wie Darwin feststellte.

WO IST BEIM REGENWURM VORNE UND HINTEN?

Am leichtesten lassen sich Kopf und Schwanz bestimmen, indem man nach dem *Clitellum* Ausschau hält: einem fleischigen Gürtel um den Wurmkörper (daher auch die biologische Klassifizierung als Gürtelwürmer), der sich näher am Kopf befindet.

Junge Regenwürmer haben noch kein Clitellum; es entsteht erst mit der Geschlechtsreife. Da etwa die Hälfte aller Würmer noch nicht geschlechtsreif ist, kann man stattdessen beobachten, in welche Richtung sie sich bewegen, in der Regel nämlich mit dem Kopf voran. Rückwärts bewegen sie sich nur, wenn sie mit dem Kopf an etwas Störendes oder Schädliches stoßen.[32] Nur wenn Sie einen Regenwurm ganz genau unter die Lupe nehmen, werden Sie das Prostomium (auch als Kopflappen bezeichnet) erkennen, eine wulstige Lippe, die seinen Mund bedeckt.

WIE BEWEGEN SICH REGENWÜRMER?

Regenwürmer bewegen sich in ihren Röhren durch Zusammenziehen und Dehnen ihrer Muskeln. Sie verfügen sowohl über Ringmuskeln, die jedes Segment umschließen wie ein Korsett, als auch über Längsmuskeln, die den Körper von vorn bis hinten durchziehen wie ein Gummiband. Indem abwechselnd die unterschiedlichen Muskelarten angespannt werden, entsteht eine Vorwärtsbewegung. Durch die Kontraktion der Ringmuskeln streckt sich der Wurm in die Länge und wird länger und dünner. Nach der maximalen Streckung muss er nun das hintere Ende seines Körpers vorwärts ziehen, was durch die Anspannung der gummibandartigen Längsmuskeln geschieht und seinen Körper wieder kürzer und dicker macht. Diese Art der Fortbewegung durch abwechselndes Ausstrecken und Zusammenziehen kann jedoch nur funktionieren, weil die Regenwürmer sich dabei im Boden festklammern – ansonsten würden sie nur auf der Stelle hin und her rutschen. Dazu nutzen sie einen speziellen Trick, genauer gesagt winzige Borsten (*Setae*), die sie ins Erdreich bohren und wieder herausziehen können wie ein Bergsteiger seine Steigeisen. An jedem ihrer Segmente befinden sich acht solcher Borsten. Ein vollständiger Bewegungszyklus besteht somit aus folgenden Schritten:

1. Anspannung der Ringmuskeln, um den Körper vorwärts zu strecken.
2. Verankerung in der Erde mihilfe der Borsten am vorderen Teil.
3. Anspannung der Längsmuskeln, um das hintere Körperende nach vorne zu ziehen.
4. Verankerung im Boden mit den Borsten am Körperende und erneute Vorwärtsstreckung des Körpers.

WIE STARK IST EIN REGENWURM?

Um ihre Gänge zu graben, erweitern Regenwürmer bereits vorhandene winzige Risse und Spalten im Erdreich, wozu sehr viel Druck und Kraft nötig sind. In Experimenten wurde festgestellt, dass große ausgewachsene Würmer dazu bis zum Zehnfachen ihres Körpergewichts aufbringen können. Das wäre, als würde ein Mensch einen großen Eisbären oder ein Bison beiseiteschieben.

GUT ZU WISSEN

Noch erstaunlicher ist, dass ein winziger Schlüpfling, also ein Wurmbaby, sogar das Fünfhundertfache seines Gewichts schieben kann – zum Vergleich: Für einen Menschen wäre das ein Buckelwal.

WIE SCHNELL SIND REGENWÜRMER?

Ein Wurm ist genauso gut unterwegs
wie eine Heuschrecke oder eine Grille, und
dazu noch ein klügerer Siedler.

Henry David Thoreau, *A Week on the Concord and Merrimack Rivers* (1849)

Der Gemeine Regenwurm (*Lumbricus terrestris*) bewegt sich gewöhnlich im Boden langsam und behutsam voran, doch seine genaue Geschwindigkeit hängt von diversen Faktoren ab, darunter seiner Größe, der Bodenstruktur und dem Motiv seiner Fortbewegung.

Auch wenn die Geschwindigkeit von Regenwürmern bisher nur wenig untersucht wurde, liefert eine Studie im *Journal of Experimental Biology* interessante Erkenntnisse.[33] Erstens sind größere Würmer erwartungsgemäß schneller als kleinere. Zur Beschleunigung steigern Regenwürmer jeder Größe offensichtlich ihre »Schrittlänge«, das heißt, mit jeder Bewegung strecken sie sich ein wenig weiter. Kleinere Würmer scheinen zusätzlich die »Schrittfrequenz« zu erhöhen, während große Würmer weniger, aber vergleichsweise lange »Schritte« machen.

Laut der zitierten Studie, in der Regenwürmer von verschwindend geringen 0,2 bis zu properen 8 Gramm Gewicht untersucht wurden, bewegt sich der Gemeine Regenwurm je nach Größe mit folgender Geschwindigkeiten fort:

- Die kleinsten schaffen 12 Zentimeter pro Minute oder 7,2 Meter pro Stunde.
- Mittelgroße kriechen etwa 90 Zentimeter pro Minute und 54 Meter pro Stunde.
- Große erreichen sogar eine Geschwindigkeit von 1,2 Meter pro Minute oder 72 Metern pro Stunde.

Ein großer Gemeiner Regenwurm ist also zehnmal schneller als ein kleiner. Ob sich allerdings Regenwürmer unterirdisch ständig so schnell bewegen, weiß man nicht. Wie zügig sie graben, hängt beispielsweise ganz entscheidend von der Zusammensetzung und Struktur des Erdreichs ab. Ein Tiefgräber braucht in schwerem Lehmboden vier- bis fünfmal länger als in leichter Tonerde.

Wenn sie wollen, können Würmer verdammt schnell sein. Ihre Nervenimpulse jagen in einer Rekordgeschwindigkeit von bis zu 600 Metern pro Sekunde ihren Körper entlang. Berühren Sie mal einen Regenwurm, der seinen Kopf aus seinem Gang streckt – er wird wie der Blitz wieder abtauchen.

LAUB LIEGEN LASSEN

- Lange Zeit gingen Gärtner:innen davon aus, dass herabgefallenes Laub zusammengefegt, vom Rasen gerecht, gepackt und weggeworfen gehört. Doch damit entziehen wir der Erde nicht nur kostenlosen Dünger, sondern machen auch viele Lebewesen obdachlos, die ohne diese Streuschicht nicht überleben können.

- Welkes, verrottendes Laub ist Habitat und zugleich wichtige Nahrungsquelle für viele wirbellose Tiere, ganz besonders im Winter. Eine Isolierschicht aus Blättern sichert Spinnen, Käfern, Fliegen, Schnecken und vielen anderen Tieren das Überleben bei niedrigen Temperaturen. Einige von ihnen überwintern in Form von Eiern, andere als Larven oder in Kokons, und viele erwachsene Tiere wickeln sich in Blätter oder wühlen sich unter die Laubschicht und warten dort auf den Frühling. Auch größere Tiere sind auf Laubhaufen angewiesen: Igel, Mäuse und andere Säuger nutzen Laub als Nestmaterial – während die Vögel darin mit Begeisterung nach Insekten suchen.

- Alle Gartenflächen mit dichter Laubschicht sind zugleich ein Paradies für die epigäisch (an der Oberfläche) lebenden Regenwürmer, die in großer Zahl von allen Pflanzen angezogen werden, die viel Laub produzieren, also Hecken, laubabwerfenden Bäumen und Sträuchern. Wenn Sie das Laub nicht an Ort und Stelle belassen können, schichten Sie es in einer Gartenecke auf einen Haufen. Damit schaffen Sie nicht nur Lebensraum für wilde Tiere, sondern auch Laubkompost zur Düngung Ihres Bodens.

HABEN REGENWÜRMER EINEN GESCHMACKSSINN?

Grob gesprochen, nein. Regenwürmer haben keine Zunge und damit auch keine Geschmacksknospen. Und doch haben sie eine Art Geschmacks- und Geruchssinn, er funktioniert nur anders als bei uns. Für beides sind dieselben Sinneszellen (sogenannte Chemorezeptoren) zuständig, die auf unterschiedliche chemische Reize reagieren. Laut Forschung sitzen diese bei Regenwürmern im Mund und am bereits erwähnten Prostomium (einer Art Lippe über ihrem Mund, die auch zur Fortbewegung genutzt wird). Diese Sinneszellen dienen nicht nur der Nahrungssuche und –wahl, sondern auch der Beurteilung der Bodenfeuchtigkeit und zum Aufspüren paarungsbereiter Artgenossen.

Darwin hat viel Zeit damit verbracht herauszufinden, ob der Gemeine Regenwurm *(Lumbricus terrestris)* irgendwelche Ernährungspräferenzen hat. Er stellte fest, dass seine unterirdischen Essensgäste Kohlblätter sehr mochten, offenbar zwischen verschiedenen Sorten unterscheiden konnten und ganz besonders gerne Möhren, Zwiebelschalen, die Blätter der Wildkirsche und Sellerie fraßen. Aufsehenerregende Erkenntnisse, nicht weil Darwin ihre Lieblingsspeisen herausfand (er testete nur ein beschränktes Sortiment), sondern weil er beweisen konnte, dass Regenwürmer tatsächlich eine Wahl treffen. (Siehe auch »Was fressen Regenwürmer?« S. 124).

KÖNNEN REGENWÜRMER IM WASSER ÜBERLEBEN?

Es gibt gute Argumente dafür, dass diese reinen Landbewohner aus Lebewesen entstanden sind, die ausschließlich im Wasser lebten. Denn an verschiedener Stelle gibt es Reste von Strukturen, die nur für ein Leben im Wasser geeignet scheinen ...«

Frank E. Beddard,
Earthworms and their Allies (1912)

1874 untersuchte der französische Zoologe Edmond Perrier, wie lange Gemeine Regenwürmer (*Lumbricus terrestris*) in Leitungswasser überlebten. Zu seiner Überraschung hielten sie mehr als vier Monate durch, solange das Wasser regelmäßig gewechselt wurde. Ähnliches wird von anderen Regenwurmarten berichtet.

Das Interessante daran ist, dass Regenwürmer – inzwischen Landtiere von großer Wichtigkeit – ursprünglich aus dem Meer stammen. Die meisten Ringelwürmer, zu deren Familie die Regenwürmer gehören, leben nach wie vor in nassem Milieu, seien es Meere, Süßwasser oder feuchte Böden. Und immer noch sind viele Regenwurmarten so angepasst an ein Leben in nasser Umgebung oder gut belüfteten Gewässern, dass sie in entsprechenden Experimenten in der Regel eher verhungern als ertrinken.

Findet man nach heftigen Regengüssen tote oder sterbende Würmer auf der Erde, liegt das nicht am Wasser, sondern daran, dass sie dem Tageslicht ausgesetzt sind. (Siehe auch »Warum kommen Regenwürmer nach dem Regen aus der Erde?«, S. 113).

WARUM SIND REGENWÜRMER SCHLEIMIG?

Regenwürmer sondern aus mehreren Gründen Schleim (lat. *mucus*) ab: Erstens haben sie keine Lunge, sondern atmen durch die Haut. Damit Sauerstoff und Kohlendioxid ein- und austreten können, muss die Hautoberfläche feucht sein. Außerdem dient die Schleimschicht der Fortbewegung. Eine aktuelle Studie konnte zeigen, dass der Schleim sehr effektiv verhindert, dass Bodenpartikel am Regenwurmkörper haften bleiben. Somit reduziert er den Widerstand und macht die Würmer bei ihrer Wanderung durchs Erdreich schneller und wendiger. Die enorme Wirksamkeit des Regenwurmschleims hat die Forschenden sogar zu Überlegungen gebracht, wie sie seine Eigenschaften auf landwirtschaftliche Geräte übertragen könnten, denn diese werden bei der Bodenbearbeitung sehr häufig von der an ihnen haftenden Erde ausgebremst.[34]

Auch beim Sex produzieren Regenwürmer viel Schleim. Zwei paarungsbereite Regenwürmer umgeben sich mit einer Schleimschicht, damit sie aneinanderhaften und Sperma austauschen können (siehe »Wie haben Regenwürmer Sex?«, S. 140). Tiefgräber wie der Gemeine Regenwurm *(Lumbricus terrestris)* kleiden auch ihre Röhren mit Schleim aus, um sie zu stabilisieren.

Die detaillierte Untersuchung einer exotischen Wurmart – des großen Neuseeländischen Regenwurms *(Octochaetus multiporus)* – lässt vermuten, dass wir mit unserem Wissen über den Regenwurmschleim erst am Anfang stehen. Die Wissenschaftlerin Anna Palmer, die sich bereits seit ihrer Kindheit mit Regenwürmern beschäftigt, attestiert dem Schleim des *Octochaetus multiporus* eine ganze Reihe bemerkenswerter Eigenschaften. So wirkt er erstens stark toxisch auf Bodenbakterien, was den Wurm sehr widerstandsfähig gegen Krankheiten macht. Zweitens enthielt er Spuren von dreiunddreißig Metallen und Mineralien, darunter Magnesium, Kalium und Kalzium, die alle drei relevant für ein gesundes Pflanzenwachstum sind und somit einen Teil der Erklärung dafür liefern, warum Pflanzen in regenwurmreichen Böden so viel besser gedeihen als in wurmfreier Erde.

Der Neuseeländische Regenwurm hat auch noch einen weiteren Trumpf im Ärmel: biolumineszenten Schleim, der in der Dunkelheit leuchtet und seine Farbe im Lauf des Wurmlebens von Blau zu Gelborange verändert. Solchen leuchtenden Schleim sondert dieser Wurm auch ab, wenn er gestört wird. Warum diese und wenige andere Regenwurmarten über »Leuchtschleim« verfügen, ist bisher noch ungeklärt. Je nach Situation ist er vielleicht Lockmittel oder dient der Abschreckung. Ein sanftes Leuchten könnte potenzielle Sexualpartner anziehen: Die veränderte Farbe des *Octochaetus multiporus* würde einem paarungswilligen Artgenossen Geschlechtsreife signalisieren. Dagegen könnte das plötzliche Versprühen des biolumineszenten Schleims mögliche Fressfeinde abschrecken. Ob ein potenzieller Angreifer mit der Farbe erschreckt und verwirrt oder vor der Giftigkeit des Schleims gewarnt werden soll, ist noch nicht erforscht.[35]

Wurm-Mucus ist auch bei Kosmetikprodukten der letzte Schrei. Da man darin nützliche Peptide und Enzyme vermutet, wäscht man ihn aus Wurmkot oder weicht Würmer in Wasser ein und extrahiert ihn daraus, um ihn in Antifalten- und Regenerationscremes zu mischen.

KÖNNEN REGENWÜRMER HÖREN?

Dich verachten? – Nicht einmal
den Wurm unter meinem Fuß!

Percy Bysshe Shelley, *Hellas* (1822)

Regenwürmer haben zwar keine Ohren, reagieren aber äußerst sensibel auf Schallwellen. Insofern ist es eine nette Vorstellung, wie Darwin seinen Forschungsobjekten verschiedene Instrumente vorspielt. Doch seine Bemühungen scheinen vergebens gewesen zu sein: »Sie nahmen nicht die geringste Notiz von den durchdringenden Tönen einer Metallpfeife, welche wiederholt in ihrer Nähe hervorgebracht wurden; ebenso wenig von den tiefsten und lautesten Tönen eines Fagotts. Sie verhielten sich indifferent gegen Geschrei, wenn nur Sorgfalt angewendet wurde, dass sie der Atem nicht traf. Wenn sie auf einem [sic] Tisch, dicht bei den Tasten eines Klaviers gestellt wurden, welches so laut wie möglich gespielt wurde, so blieben sie vollkommen ruhig.«[36]

Stellte man die Regenwürmer jedoch in einem Blumentopf voll Erde auf das Klavier, reagierten sie: »Wenn […] der Ton C im Bassschlüssel angeschlagen wurde, so zogen sich beide augenblicklich in ihre Löcher zurück. Nach einiger Zeit kamen sie wieder heraus, und als nun der Ton G, über dem System im Violinschlüssel, angeschlagen wurde, so zogen sie sich wieder zurück.«[37]

Darwin schloss daraus, dass sich Würmer zwar nicht durch laute Geräusche stören ließen, sehr wohl aber Schwallschwingungen wahrnahmen. (Siehe »Warum kommen Regenwürmer nach dem Regen aus der Erde?«, S. 113.)

LEBT EIN REGENWURM WEITER, WENN MAN IHN ZERTEILT?

Das ist wohl einer der hartnäckigsten Mythen über Regenwürmer: Wenn man sie teilt, werden zwei neue daraus.

Ob ein Regenwurm eine solche Teilung übersteht, hängt davon ab, wo man sie vornimmt. Der Gemeine Regenwurm *(Lumbricus terrestris)* kann weiterleben, wenn er einen kleinen Teil seines Schwanzes verliert, es wachsen dann möglicherweise einige Segmente nach und formen einen neuen Schwanz. Das abgeschnittene Schwanzende stirbt ab – es entstehen durch die Teilung also nie zwei Würmer! Schneidet man den Wurm jedoch irgendwo vorne zwischen Spitze und Gürtel (Clitellum) durch, ist er mausetot, denn dort sitzen seine wichtigsten Organe.

Manche Arten kommen mit so einer Verletzung besser zurecht als andere, bei allen jedoch scheinen zumindest einige hintere Segmente nachwachsen zu können. Einige Wurmarten sind sogar in der Lage, ihren Schwanz abzuwerfen, wenn sie von einem Fressfeind erwischt wurden. Dieses Verhalten, das auch bestimmte Reptilien an den Tag legen, nennt sich *Autotomie*. Manchmal geschieht dies auch aus einem anderen Grund: So nutzt der Kompostwurm *Eisenia fetida* sein Schwanzende als eine Art Deponie für unverwertbare Abfälle – es hat eine charakteristische gelbe Farbe. Wenn dort nichts mehr reinpasst, wirft er es einfach ab wie eine ausgebrannte Trägerrakete.

Plattwürmer, die nur entfernt mit Regenwürmern verwandt sind, besitzen dagegen eine nahezu unbeschränkte Fähigkeit zur Regeneration. Man kann sie tatsächlich in Stücke schneiden, und aus jedem Stück wird ein neuer Wurm. In einem Experiment entstand aus dem 279. Teil des ursprünglichen Wurms ein kompletter neuer Klon seiner selbst. Das wäre, als würde ein ganzer Mensch aus einem hamstergroßen Stück menschlichen Gewebes wachsen (ausgehend von einer 62 Kilo schweren Person und einem 200 Gramm schweren Hamster).

GUT ZU WISSEN

Im Jahr 2015 regnete es über einer Gegend in Südnorwegen Tausende von Würmern. Man geht davon aus, dass außergewöhnliche Wetterereignisse wie Wasserhosen oder Tornados Teile der Vegetation und kleine Tiere mit sich reißen und kilometerweit transportieren, bevor diese wieder zu Boden fallen. Ähnliches passierte 2011 in der schottischen Grafschaft Selkirkshire, wo ein Lehrer und seine Schüler:innen während eines Fußballspiels Schutz suchen mussten, weil Regenwürmer vom Himmel fielen.

Das VERHALTEN *der* REGENWÜRMER

Es wäre aber überraschend, wenn ein auf der Stufenleiter so tiefstehendes Tier, wie ein Wurm, die Fähigkeit haben sollte, so zu handeln …

Charles Darwin, *Die Bildung der Ackererde durch die Thätigkeit der Würmer* (1881)[38]

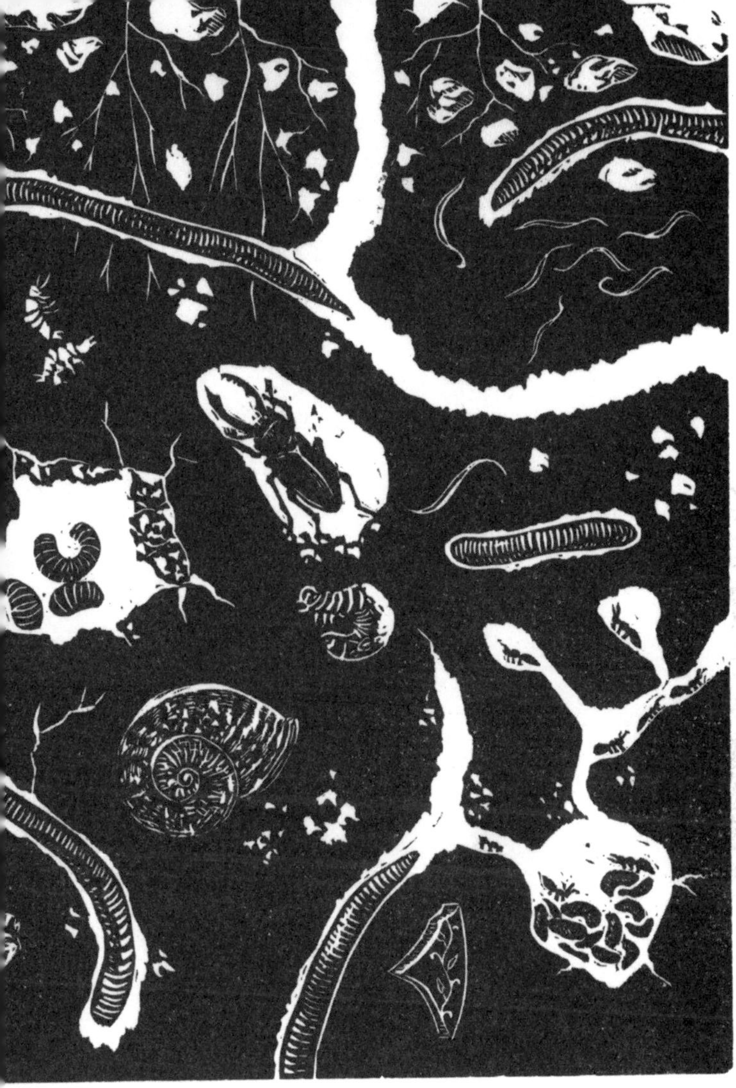

Was treiben Regenwürmer eigentlich so den ganzen Tag? Darwin gehörte zu den ersten Wissenschaftlern, die den Eigenarten dieser Tiere wirklich auf den Grund gingen. Seither wurden in diversen Studien und Experimenten ganz außerordentliche Verhaltensweisen nachgewiesen: Vom »Herdeninstinkt« über Wettervorlieben bis hin zu Ritualen bei der Partnerwerbung und Verteidigungsstrategien gibt es bei den Regenwürmern viel mehr zu entdecken als das, was mit bloßem Auge zu erkennen ist. Andere Fragen, zum Beispiel ob sie schlafen, Schmerz empfinden oder wie sie Partner finden, müssen erst noch erforscht werden. Es gibt offenbar jede Menge Dinge unter der Erde, die wir noch nicht verstehen.

WARUM KOMMEN REGENWÜRMER NACH DEM REGEN AUS DER ERDE?

Wenn Sie das nächste Mal bei Ihrem Morgen- oder Abendspaziergang zufällig einen Wurm erblicken, stoßen Sie ihn nicht beiseite, steigen Sie nicht über ihn hinweg – heben Sie ihn vom Boden auf und legen Sie ihn auf Ihre Handfläche …

James Samuelson, *Humble Creatures* (1858)

Ist Ihnen schon aufgefallen, dass Regenwürmer nach Regengüssen häufig an die Erdoberfläche kommen? Lange Zeit ging die Wissenschaft davon aus, dass sie dies tun, damit sie in ihren wassergefüllten Gängen nicht ertrinken. Eine falsche Annahme, wie man inzwischen weiß, da Regenwürmer feuchten Boden mögen und viele Arten in sauerstoffgesättigtem Wasser wochenlang überleben können. (Siehe »Können Regenwürmer im Wasser überleben?«, S. 96)

Warum sie sich also bei heftigem Regen nach oben bewegen, ist immer noch nicht ganz klar, aber eine Theorie besagt, es habe mit Wanderungsbewegungen zu tun: Regenwürmer könnten größere Distanzen leichter *auf* nassem Boden überwinden als *im* Boden (vor allem, wenn er trocken ist).

Allerdings ist das eine riskante Strategie, denn starke UV-Strahlung kann für einen Regenwurm tödlich sein, weswegen eine andere These überzeugender klingt: Das Trommeln der Regentropfen ähnele den Schwingungen, die Maulwürfe beim Graben erzeugen, und vielleicht fliehen Regenwürmer bei dieser Wahrnehmung nach oben, um dem Fressfeind zu entkommen. Bestimmte Vogelarten wie Möwen, Amseln und Drosseln imitieren solche Erschütterungen sogar durch ihr Fußgetrippel, um ahnungslose Würmer an die Oberfläche zu locken, von wo sie sie dann aufpicken. Auch bei Worm-Charming-Wettbewerben (Wettbewerbe im Würmer-aus-der-Erde-Locken) wird dieser Trick genutzt.

Forschende haben diese Vermutung kürzlich überprüft. Beim jährlichen Sopchoppy Worm Gruntin' Festival in Florida nutzen die »Wurmgrunzer« eine spezielle Methode. Sie schlagen Holzpflöcke etwa dreißig Zentimeter tief in die Erde und reiben mit einem langen Metallstab über das obere Ende. Dieses Schaben von Metall auf Holz klingt wie ein tiefes Grunzen (daher der Name des Festivals) und lockt unweigerlich Hunderte von Regenwürmern aus der Erde. Die Forschungsgruppe installierte seismische Messinstrumente, um herauszufinden, warum. Es stellte sich heraus, dass die Metallstange eine Frequenz von etwa 100 Hertz erzeugte, fast identisch mit der Frequenz grabender Maulwürfe. Man vermutet, dass Regenwürmer den Fluchtreflex bei Maulwurfgeräuschen im Lauf der Evolution entwickelt haben und er tief in ihnen verankert ist. Denn selbst in Neuseeland, wo es gar keine Maulwürfe gibt, »erinnern« sich die Würmer offenbar an diesen Fressfeind und legen dieses Verhalten an den Tag.

GUT ZU WISSEN

Am 14. September 1972 brachten Regenwürmer den Betrieb am Flughafen Cleveland kurzzeitig zum Erliegen. Heftiger Regen hatte sie hervorgelockt, und als sie zu Hunderttausenden über die Piste krochen, gerieten Flugzeuge bei der Landung ins Schlingern.

WARUM LÄSST SICH EIN REGENWURM SO SCHWER AUS DER ERDE ZIEHEN?

Es ist erstaunlich schwierig, einen sich in die Erde bohrenden Regenwurm wieder herauszuziehen. So stellte schon Mitte des 19. Jahrhunderts der Naturschriftsteller James Samuelson fest: »Vielleicht sind Sie noch nie auf die Idee gekommen zu versuchen, einen Wurm aus der Erde zu ziehen. Dieser kann Ihren Bemühungen einen solchen Widerstand entgegensetzen, dass Sie ihn eher in Stücke reißen als ihn herauszubekommen.«[39] Auch Darwin vermerkte, »dass sie selten aus dem Boden herausgezogen werden können, ohne in Stücke zerrissen zu werden«[40] und dass selbst die Gartenvögel große Mühe haben, sie herauszupicken.

Wie bereits beschrieben, ist der Körper des Regenwurms mit winzigen steifen Borsten versehen (lat. *setae*, siehe »Wie bewegen sich Regenwürmer?«, S. 86). Diese Borsten sind leicht nach hinten gerichtet und sorgen dafür, dass der Wurm sich im Erdreich verankern kann, während er sich voranschiebt. Ohne sie könnte er nur auf der Stelle hin und her rutschen. Genau diese Borsten sind es, die verhindern, dass man ihn einfach aus seiner Röhre ziehen kann, insbesondere nicht am Schwanz, da sich in diesem Fall die Borsten in die Erde bohren und für Widerstand sorgen. Erwischt ein Gartenvogel einen Regenwurm am Kopf, ist er in der Regel leichter aus seinem Gang hervorzuholen. In so einer Konfrontation kann es passieren, dass die Borsten ausgerissen werden. Gelingt es dem Wurm dann dennoch, mit dem Leben davonzukommen, wachsen sie nach wie Fingernägel beim Menschen.

Experimente legen nahe, dass Gartenvögel wie Rotkehlchen sehr genau auf Geräusche achten, die einen Regenwurm ankündigen. Haben sie ein solches Geräusch lokalisiert, drehen manche Vögel ihren Kopf zur Seite. Eigentlich dachte man, sie täten dies, um ihn besser zu hören, doch aktuelle Studien zeigten, dass sie den Kopf schieflegen, um den Regenwurm besser zu *sehen*, bevor sie erbarmungslos zupicken.[41]

FÜR GRÜNDÜNGUNG SORGEN

- Untersuchungen haben bewiesen, dass der Anbau von Zwischenfrüchten (auch Gründüngungspflanzen genannt) eine einfache Methode ist, die Menge an organischem Material im Boden und damit auch die Regenwurmdichte zu erhöhen – um bis zu 300 Prozent.[42]

- Säen Sie Ende des Sommers in Ihrem Gemüsegarten Gründüngungspflanzen. Diese schützen im Herbst und Winter die ansonsten nackte Erde, hindern Unkraut am Wachsen und verhindern, dass der Boden zu stark auskühlt. Zu Frühjahrsbeginn werden diese Zwischenfrüchte in die Erde eingearbeitet und dienen den nachfolgenden Pflanzen als organischer Dünger. Für den Winter sind Winterroggen und Winterwicke gut geeignet.

- Gründüngungspflanzen können auch während der Wachstumsperiode genutzt werden, um Lücken in den Beeten zu füllen, die durch das Abernten entstanden sind, und um Bestäuberinsekten anzulocken. Senf, Inkarnatklee oder Phacelia keimen blitzschnell und wachsen innerhalb weniger Wochen.

HABEN ES REGENWÜRMER LIEBER WARM ODER KALT?

Dem Bösen entgehen wir nicht, indem wir es fliehen, sondern indem wir uns darüber erheben oder darunter hinwegtauchen; wie der Wurm Dürre und Frost entkommt, indem er sich einige Zoll tiefer bohrt.

Henry David Thoreau, *A Week on the Concord and Merrimack Rivers* (1849)

Regenwürmer sind den Kapriolen des Wetters unmittelbar ausgesetzt. Anders als Säugetiere, die ihre Körperkerntemperatur unabhängig von der Umgebung regulieren können, sind sie wechselwarm, das heißt, ihre Körpertemperatur wird unmittelbar von der Umgebung beeinflusst.

Die verschiedenen Regenwurmarten haben ganz unterschiedliche Vorlieben. Streuschichtbewohner wie beispielsweise der Kompostwurm *Eisenia fetida* vertragen Temperaturen zwischen 0 und 35°C, fühlen sich jedoch bei moderaten 25°C am wohlsten. Der Gemeine Regenwurm *(Lumbricus terrestris)* dagegen zieht tiefere Schichten und damit auch kühlere und über das Jahr hinweg gleichmäßigere Temperaturen vor.

GUT ZU WISSEN

Der Märzvollmond wird auch »Wurmmond« genannt, weil zu Frühlingsanfang, wenn der Boden zu tauen beginnt, auch wieder Regenwürmer gesichtet werden können.

Die Temperatur in tieferen Bodenschichten ist erstaunlich stabil. An der Oberfläche und in den oberen Schichten steigt und fällt die Bodentemperatur mit dem Wechsel der Lufttemperatur. Mit zunehmender Tiefe reduziert sich ihr Einfluss. In vier Metern Tiefe herrscht eine konstante Temperatur von 10°C, in eineinhalb Metern Tiefe schwankt sie zwischen 5 und 15°C, und in fünfzig Zentimetern Tiefe kann es zwischen etwa 0 und –20°C kalt werden.

Da das Temperaturoptimum des Gemeinen Regenwurms zwischen 7 und 12°C liegt, ist es natürlich sinnvoll, dass er sich so lange tiefer ins Erdreich gräbt, bis er eine für ihn angenehme Zone erreicht hat. Das bedeutet, dass er den Winter vorwiegend in tieferen Bodenschichten verbringt. Er selbst überlebt Temperaturen unter dem Gefrierpunkt nicht, doch die Kokons mit seinen Eiern halten mehrere Wochen bis zu –5°C aus, da sie über einen Mechanismus verfügen, der den Wassergehalt steuert. Bei Temperaturen unter 0°C wird Wasser abgegeben, was einer Gefriertrocknung entspricht, bis die Bedingungen in der Umgebung sich durch wärmeres Wetter wieder verbessern.

Andere Arten wie *Eisenia nordenskioldi*, der in weiten Teilen Russlands verbreitet ist, oder *Dendrobaena octaedra*, der aus Osteuropa und Westsibirien stammt, haben einen schlauen Trick entwickelt, um mit langen, harten Wintern zurechtzukommen: Sie erhöhen sehr rasch den Glukosegehalt in ihrer Körperflüssigkeit, was wie ein natürliches Frostschutzmittel wirkt, sodass ihnen Eiskristalle nichts mehr anhaben können.

Wenn in gemäßigteren Klimazonen der Boden zu heiß oder zu trocken wird, verfallen manche Arten (darunter der Gemeine Regenwurm) in eine Sommerruhe (fachsprachlich Ästivation), deren Hauptziel es ist, die Feuchtigkeit zu erhalten. Dazu knäult sich der Wurm fest zusammen, um seine Körperoberfläche zu reduzieren, verschließt sich in einer mit Schleim ausgekleideten Kammer und drosselt seine Stoffwechselaktivität, um den Wasserverlust zu minimieren. In dieser Sommerstarre kann der Regenwurm die Hitze und Bodentrockenheit bis zu drei Wochen lang »aussitzen«, bis sich die Verhältnisse wieder normalisieren.

WAS FRESSEN REGENWÜRMER?

Das hängt ganz von der jeweiligen Wurmart ab. Streuschichtbewohner ernähren sich von organischem Material, das auf dem Boden verrottet, wie Laub, Beeren, Holz oder Blumen. Die Flachgräber vertilgen Erde, die viel organisches Material enthält. Die Tiefgräber dagegen ziehen größere Stücke verrottender Substanzen, wie zum Beispiel Blätter, in ihre Gänge. Manche Arten fressen auch Pilze und verwesende Tiere.

GUT ZU WISSEN

Regenwürmer werden oft als *Omnivoren* (Allesfresser) bezeichnet. Korrekt ist allerdings die Bezeichnung *Detritivoren*, Tiere, die sich von Detritus, toter organischer Substanz, ernähren.

Wie Regenwürmer mit Giften zurechtkommen, war lange Zeit ein Rätsel. Einige Pflanzen wirken extrem toxisch und enthalten Polyphenole, chemische Substanzen, die sie davor bewahren sollen, gefressen zu werden. Diese Stoffe sind selbst dann noch wirksam, wenn die Pflanze oder ihre Blätter abgestorben sind.

Wissenschaftler:innen am Imperial College haben untersucht, warum Regenwürmer offensichtlich so gut wie alles vertragen, selbst Giftiges. Es stellte sich heraus, dass im Darm der Würmer Moleküle, *Drilodefensine*, vorhanden sind, die bestimmte Chemikalien neutralisieren. Drilodefensine wurden bisher noch bei keinem einzigen anderen Tier gefunden – nur Regenwürmer verfügen darüber.[43]

Entscheidend ist jedoch, was hinten rauskommt: Im Wurmkot sind erfreulicherweise reichlich Nährstoffe und Mineralien vorhandenen und liegen zudem noch in einer Form vor, die für Pflanzen unmittelbar verwertbar ist. Im Vergleich zum umliegenden Erdreich enthalten die Ausscheidungen der Würmer fünfmal so viel Stickstoff, siebenmal so viel Phosphor und elfmal so viel Kalium.[44]

Dank ihres stetigen Stoffwechsels bewegen Würmer eine erstaunliche Masse an Erdreich. Die sich an der Oberfläche ansammelnden Wurmhäufchen begraben langsam, aber sicher alles unter sich – so sind auch antike Artefakte und Gebäude über die Jahrhunderte versunken. Regenwürmer erhöhen die Humusschicht um schätzungsweise fünf Zentimeter pro Jahr – das sind bei einem Hektar Land etwa zwanzig Tonnen Erde.

WIE WOHNEN REGENWÜRMER?

Die Archäologen sollten den Regenwürmern dankbar sein, da sie für eine ganz unbestimmt lange Zeit jeden nicht der Zersetzung unterliegenden Gegenstand, welcher auf die Oberfläche gefallen ist, durch das Eingraben desselben unter ihre Exkrementmassen schützen und bewahren.

Charles Darwin, *Die Bildung der Ackererde durch die Thätigkeit der Würmer* (1881)[45]

Die meisten Regenwürmer haben kein Zuhause. Sowohl die Streuschichtbewohner als auch die Flachgräber bewegen sich durch organisches Material, fressen es und scheiden es als krümeligen Kot wieder aus.

Die Streuschichtbewohner graben noch nicht einmal Röhren, da sie nicht im Boden, sondern unter einer dicken Schicht feuchtem, warmem Laub leben. Die im Oberboden beheimateten Flachgräber schaffen zwar Tunnel, indem sie sich durchs Erdreich fressen, füllen diese jedoch gleich wieder mit ihren Ausscheidungen auf.

Nur die Arten, die in den tieferen Schichten leben, wie der Gemeine Regenwurm (*Lumbricus terrestris*), bauen sich dauerhafte Höhlen, die sie sauber halten. Sie hinterlassen ihren Kot an der Bodenoberfläche, am Eingang ihrer Gänge, in Form der bereits erwähnten Wurmhäufchen. Wird ein Regenwurm nicht gestört, bleibt er sein Leben lang in derselben Röhre und erhöht so stetig den oberirdischen Kothaufen. Diese Röhren sind so stabil gebaut, dass sie Jahrzehnte überdauern.

Darwin fiel auf, dass seine Regenwürmer ihre Gänge manchmal sogar überdachten: »Wo abgefallene Blätter sehr reichlich vorhanden sind, werden zuweilen viel mehr über der Mündung einer Röhre angesammelt, als gebraucht werden können, sodass ein kleiner Haufen von nicht genutzten Blättern wie ein Dach über denjenigen übrig bleibt, die zum Teil in die Röhren hineingezogen sind [...] Sie füllen die Zwischenräume zwischen den hineingezogenen Blättern häufig oder allgemein mit feuchter, klebriger aus ihrem Körper ausgeworfener Erde aus und in dieser Weise werden die Mündungen der Röhren ganz sicher verstopft.«[46] Warum sie das taten, wusste er nicht genau, aber er vermutete, dass das Blätterdach die Temperatur und Feuchtigkeit in den Gängen regulieren und Schutz vor Regen und hungrigen Räubern bieten sollte.

SIND REGENWÜRMER SESSHAFT?

Während die Wurmarten der Streuschicht und des Oberbodens ohne festen Wohnsitz auskommen, schafft sich der Gemeine Regenwurm (*Lumbricus terrestris*) in seinen Röhren ein gemütliches Zuhause. Wenn er nachts zur Futter- und Partnersuche an die Oberfläche kommt, klammert er sich mit der Schwanzspitze an seinen Röhreneingang. So besteht keine Gefahr, dass er sich verläuft, und sollte ein Fressfeind auftauchen, kann er sich rasch zurückziehen. In manchen Fällen verlassen aber auch Gemeine Regenwürmer die Sicherheit ihrer Röhren und wagen sich in die Welt hinaus. In Experimenten konnte nachgewiesen werden, dass ihr Instinkt sie trotzdem wieder nach Hause führt – in einem Fall fanden sie nach drei Stunden an der Erdoberfläche und im Abstand von fast einem Meter wieder zurück. Dazu krochen sie exakt auf ihrer eigenen Spur rückwärts, bis ihre Schwanzspitze wieder den eigenen Röhreneingang erreichte.[47]

Man geht davon aus, dass sich der Gemeine Regenwurm mithilfe eigener Pheromone orientiert. Diese Lockstoffe führen ihn wieder nach Hause zurück. Andere Arten, beispielsweise der Amerikanische Flusswurm *(Diplocardia riparia)*, legen eine Spur abschreckender Pheromone, die sie gezielt meiden. *Diplocardia riparia* ist ein Aasfresser, der nicht in seinen Gang zurückfinden oder auf der Suche nach Futter denselben Weg zweimal finden muss.

Gemeine Regenwürmer »vererben« ihre Röhren manchmal sogar an ihre Nachkommen. Sie hinterlassen ihre Kokons darin, für gewöhnlich in der Humusschicht, entweder halb in die Röhrenwand integriert oder in einer waagerecht von der senkrechten Hauptröhre abzweigenden Nebenkammer, die als Kinderstube dient. (Die Kokons halten viel niedrigeren Temperaturen stand als ausgewachsene Regenwürmer, vgl. »Haben es Regenwürmer lieber warm oder kalt?«, S. 120.) Forschende konnten beobachten, wie junge Regenwürmer die Gänge eines toten Wurms übernahmen. Ein Grund dafür könnte der enorme Energiebedarf sein, den das Graben neuer Gänge erfordert. Normalerweise jedoch teilen ausgewachsene Regenwürmer ihre Gänge nicht mit Artgenossen, und die meisten Jungwürmer müssen alleine klarkommen, sobald sie groß genug sind.

WELCHE TIERE FRESSEN REGENWÜRMER?

Regenwürmer sind wohl die absolute Lieblingsspeise von Maulwürfen. Ein durchschnittlicher Europäischer Maulwurf (*Talpa europaea*) kann sechzig Regenwürmer pro Tag vertilgen. Im Erdreich auf die Jagd zu gehen birgt für ihn allerdings zu viel Streuverlust, stattdessen hat er einige recht gewitzte Strategien entwickelt.

Erstens sind Maulwurfsbauten für Regenwürmer regelrechte Todesfallen. Maulwürfe sind nämlich erstaunlich fix, und sobald sie hören, dass sich ein Regenwurm versehentlich in ihren Tunnel verirrt hat, stürzen sie sich auf ihn, bevor er die geringste Chance hat zu entkommen.

Im Sommer jedoch fahren die tief grabenden Würmer ihre Aktivitäten herunter – sie bohren sich in noch tiefere Schichten und verfallen in eine Sommerruhe (siehe »Haben es Regenwürmer lieber warm oder kalt?«, S. 120). Dann ist es unwahrscheinlicher, dass sie den Weg eines Maulwurfs kreuzen, weswegen sich Maulwürfe eine Art Vorratskammer für die wurmarme Zeit anlegen. Der Speichel der Maulwürfe enthält ein Gift, das Regenwürmer zwar lähmt, aber am Leben lässt. Ein schneller Biss in den Kopf, und schon lässt sich so ein Wurm regungslos wochenlang frisch halten. Man fand schon Vorräte von Hunderten solcher »Zombiewürmer« in höllischer Erstarrung: lebendig, aber nicht in der Lage zu fliehen.

Wenn es sich der Maulwurf dann schließlich schmecken lässt, hat er noch einen weiteren Trick auf Lager: Da er die Erde im Darm des Wurms nicht mag, drückt er ihn mit seinen Pfoten wie eine Zahnpastatube aus. So vermeidet er, dass sein Gebiss durch den doch recht grobkörnigen Dreck zu schnell verschleißt.

Regenwürmer sind auch die Hauptnahrungsquelle vieler anderer Säugetiere wie Igel, Dachse, Spitzmäuse, Wiesel, Otter und Hermeline. Die meisten von ihnen sind nachtaktiv und machen sich so die Ernährungsgewohnheiten und nächtlichen Paarungsrituale bestimmter Wurmarten zunutze. Füchse und Eulen sind bekannt dafür, saftige große Exemplare des Gemeinen Regenwurms zu naschen, wenn diese sich im Schutz der Dunkelheit aus der Deckung wagen.

Auch viele Vögel mögen Regenwürmer: In Parks und Gärten fressen verbreitete Arten wie Amseln, Drosseln und Rotkehlchen jede Menge davon, auf landwirtschaftlichen Flächen sind es Stare, Saatkrähen, Kiebitze und Möwen, die gerne Egge und Pflug folgen, wenn diese die Erde aufreißen. Sie haben sich vielleicht schon gewundert, wieso ausgerechnet Möwen, deren natürlicher Lebensraum doch Ufergebiete sind, zielsicher die weit landeinwärts geschaffenen Ackerfurchen aufspüren. Das liegt daran, dass sie viel Zeit in großer Höhe verbringen und ausgesprochen gut sehen. Daher können sie große Flächen überblicken und Futterquellen ausspähen. Möwen halten auch nach Kiebitzen Ausschau, die auf Ackerland leben und sich gerne hinter einem Traktor in Aktion versammeln. Die Anwesenheit eines Kiebitzschwarms zeigt den Möwen, dass es dort jede Menge Regenwürmer und andere wirbellose Tiere zu fressen gibt, und eine Möwe auf dem Boden zieht sofort Artgenossen an, und so versammelt sich hinter einem ackernden Traktor im Handumdrehen eine riesige Vogelschar in der Hoffnung auf ein paar saftige Würmer.

GUT ZU WISSEN

Auch das im Osten Australiens beheimatete Schnabeltier hat eine ausgeprägte Vorliebe für Regenwürmer und vertilgt bis zu 800 Exemplare pro Tag. Schnabeltiere gehören zu den seltenen Tierarten, die ihre Nahrung mittels Elektrolokation aufspüren: Wenn sie mit ihrem Schnabel den Schlamm am Grund von Flüssen und Bächen durchstöbern, nehmen sie die minimalen elektrischen Signale auf, die von den Muskelkontraktionen der Würmer ausgehen.

Verschiedene Vögel fressen je nach Jagdmethode auch unterschiedliche Wurmarten. Rotkehlchen reagieren auf visuelle und auditive Reize und erbeuten daher Streuschichtbewohner sowie Tiefgräber, wenn diese am Eingang ihrer Gänge auftauchen. Schnepfenvögel stochern mit ihren langen Schnäbeln im Boden und erfühlen ihre Beute, also vor allem die Flachgräber knapp unter der Oberfläche. Einige Vogelarten wie Kiebitze, Möwen, Regenpfeifer, Drosseln und Amseln »trommeln« Würmer auch herbei: Mit ihrem Gehüpfe imitieren sie die Erschütterungen, die ein Maulwurf verursacht, und bringen die Würmer so dazu, an die Oberfläche zu kommen.

Es gibt auch Weichtiere, die Regenwürmer fressen, wobei einige es offenbar vorziehen, wenn die Würmer sich nicht mehr kringeln. Genauer ist die Thematik nicht erforscht, und die wenigen Beispiele verdanken wir Amateursichtungen oder zufälligen Aufnahmen beim Dreh von Naturfilmen. In einem interessanten Beitrag in der *Monthly Review* vom Beginn des 19. Jahrhunderts schildert der Herausgeber folgendes: »Die Redaktion erhielt einen Brief von Mr. Power aus Market Bosworth, Leicestershire, in dem dieser beschrieb, wie die Gemeine Gartenschnecke … und die Nacktschnecke den Gemeinen Tauwurm oder Regenwurm *Lumbricus terrestris* fressen, wenn er stirbt oder bereits tot ist. Dies geschieht nachts. Und wie Mr. Power beobachten konnte, würden diese Tiere nie einen lebenden Wurm angreifen. Er führt das auf die Stacheln an ihrer Oberfläche zurück, die ein gesunder und kräftiger Wurm aufrichten kann, einerseits um sich gegen Schnecken zu schützen, als auch um Halme etc. in seinen Bau zu ziehen.«[48]

Ein interessantes Tier, das sich ebenfalls von Regenwürmern ernährt, sieht selbst wie ein riesiger Wurm aus: Der schlangenähnliche Schleichenlurch gehört zu den Amphibien und lebt in den tropischen Gebieten Süd- und Mittelamerikas, Afrikas und Südasiens. Erstaunlicherweise verfügt er über ein enorm kräftiges Gebiss, was in der Wissenschaft angesichts der Tatsache, dass er sich von weichen, saftigen Regenwürmern ernährt, für Verwunderung sorgte. Dann jedoch beobachteten die Forschenden, wie die Schleichenlurche sich – wie Krokodile bei der Todesrolle – heftig um die eigene Achse drehten, um die Würmer in winzige Stücke zu zerreißen. Als man die Einzelteile des verdauten

Regenwurms untersuchte, sahen sie aus wie ein verdrilltes Seil. Diese eigenwillige Methode erklärt den Sinn des starken Gebisses, das den Regenwurm fest gepackt halten muss, um ihn in Korkenzieherform zu bringen. Indem der Schleichenlurch den Regenwurm auf diese Weise in kleine Bissen zerlegt, kann er ihn verschlingen, obwohl er keine Gliedmaßen zum Greifen besitzt.[49]

WAS TUN FÜR DIE WÜRMER? – TIPP 6

FÜR FEUCHTIGKEIT SORGEN

- Würmer fühlen sich in kühler und feuchter Umgebung besonders wohl. Eine ausreichend dicke Mulchschicht aus organischem Material sorgt dafür, dass das Erdreich nicht so stark austrocknet. Sollte es in den wärmeren Monaten allerdings sehr trocken sein, ist es wichtig, den (Schreber-) Garten regelmäßig zu gießen.

- Am besten ist Gießen in den frühen Morgenstunden, wenn es noch kühler ist, oder am frühen Abend. So vermeiden Sie, dass zu viel Wasser in der Tageshitze einfach verdampft, und Sie stören mit dem harten Strahl Ihres Wasserschlauchs auch Bestäuberinsekten weniger bei ihrer Arbeit.

KÖNNEN REGENWÜRMER SICH WEHREN?

Ich denke, wir betrachten zu viel das Glück des frühen Vogels und nicht genug das Pech des frühen Wurms.

Franklin D. Roosevelt an Henry M. Heymann (1919)

Auch wenn sein Körper sehr weich und verletzlich ist, hat der Regenwurm diverse Strategien entwickelt, um sich gegen Angriffe von Fressfeinden zu verteidigen. Viele Wurmarten, darunter auch der Gemeine Regenwurm *(Lumbricus terrestris)*, zappeln wild herum, wenn sie geschnappt werden, und versuchen so, sich zu befreien. Wenn den Würmern während des Kampfs der Schwanz verloren geht, wächst er nach (siehe »Lebt ein Regenwurm weiter, wenn man ihn zerteilt?«, S. 103). Wie schon beschrieben, beherrschen einige Regenwürmer, so der Grauwurm *(Aporrectodea caliginosa)*, die Autotomie (siehe S. 103), das heißt, sie werfen ihren Schwanz als Verteidigungsstrategie gezielt ab.

In Australien gibt es mindestens zwei Würmer,

die eine übel riechende Flüssigkeit absondern, wenn sie bedroht werden: der *Megascolides australis* schafft es, sie bis zu zehn Zentimeter weit zu spritzen, der *Didymogaster sylvaticus* sogar dreißig Zentimeter. Auch der in vielen Komposthaufen heimische Mistwurm *Eisenia fetida* stößt eine unangenehm nach verfaultem Knoblauch riechende Flüssigkeit aus, wenn er in Gefahr ist oder unsanft behandelt wird. *Fetida*, der zweite Bestandteil seines lateinischen Namens, bedeutet daher auch treffend »übel riechend«.

Wissenschaftler:innen vermuten, dass die Regenwürmer aufgrund ihrer Borsten für einige Insekten ungenießbar sind. Es ist beispielsweise bekannt, dass diese Borsten hart genug sind, um sich bei der Paarung in die Haut eines anderen Wurms zu bohren (vgl. »Wie haben Regenwürmer Sex?«, S. 140), insofern überlegen es sich viele Tierchen vermutlich zweimal, bevor sie zubeißen.

WIE HABEN REGENWÜRMER SEX?

Es gibt keine männlichen und weiblichen Regenwürmer – sie sind Zwitter und besitzen sowohl männliche als auch weibliche Geschlechtsorgane.

Ein Regenwurm muss geschlechtsreif sein, um sich fortzupflanzen, was man an dem charakteristischen Gürtel (Clitellum) um seinen Körper erkennt. Beim Gemeinen Regenwurm bildet es sich im Alter von etwa sechs Wochen, und zwar hinter dem ersten Körperdrittel, es sitzt also näher am Kopf.

Regenwürmer wählen Sexualpartner in ähnlicher Größe, da ein zu großer Unterschied den Sex wohl recht kompliziert machen würde. Das Alter scheint keine Rolle zu spielen, wie in Untersuchungen nachgewiesen wurde, in denen alte Regenwürmer häufig erfolgreich junge befruchtet haben. In einer interessanten Studie zum Kompostwurm *Eisenia fetida* fand man heraus, dass die Spermienproduktion mit dem Alter nicht nachlässt, selbst nicht bei sechs Jahre alten Würmern, während die weibliche Fortpflanzungsfähigkeit bereits nach drei Jahren stark sinkt. Ein alter Regenwurm kann somit einen anderen befruchten, jedoch nur noch schwer selbst befruchtet werden.[50]

Gemeine Regenwürmer werben sehr behutsam umeinander. Das Ritual beginnt mit einem Kennenlernen, bei dem die Beteiligten oberirdisch ihre jeweiligen Röhren in Augenschein nehmen. Im Schutz der Dunkelheit streckt sich ein Regenwurm und steckt seinen Kopf in eine Nachbarröhre, während er mit seiner Schwanzspitze im eigenen Bau verankert bleibt – für den Fall, dass ein schneller Rückzug nötig sein sollte. Die Zahl dieser Besuche variiert zwischen ein bis zwei und über zehn. Meistens dauern sie nicht mehr als dreißig bis sechzig Sekunden, es kommen aber auch gründlichere Visiten von mehreren Minuten vor.

Das Objekt der Begierde eines Regenwurms erwidert dann den Besuch, sodass die beiden zwischen den beiden Eingängen hin- und herkriechen wie aufgedrehte Teenager.[51] Die Streuschichtbewohner haben zwar keine Röhren zum Vorzeigen, aber ebenfalls ein Werbungsritual: Exemplare von *Eisenia fetida* wurden beobachtet, wie sie den Partner vor der Paarung mehrfach kurz und sanft berührten.[52] Das Vorspiel kann von einigen Minuten bis zu einer Stunde dauern. Dann kann es losgehen: Dazu drücken sich die Regenwürmer in entgegengesetzter Richtung (Kopf zu Schwanz) aneinander, wobei der vom Clitellum produzierte Schleim sie miteinander verklebt. Der Sex dauert zwischen einer und

drei Stunden. Manchmal kommen andere Würmer an die Oberfläche und berühren das Paar während des Akts, was ungern gesehen ist und die Sache verkürzen, ihren Erfolg aber nicht schmälern kann. Charles Darwin staunte nicht schlecht über den romantischen Enthusiasmus der Regenwürmer: »Ihre geschlechtliche Leidenschaft ist stark genug, eine Zeit lang ihre Furcht vor dem Licht zu überwinden«[53], schrieb er.

Regenwürmer mögen leidenschaftlich sein, monogam sind sie nicht – bei den meisten Arten sind viele Sexualpartner die Regel. Und dann gibt es da noch eine dunkle Seite im Liebesleben der Regenwürmer: Um ihre Erfolgsaussichten zu erhöhen, verfügen sie noch über eine furchteinflößende Geheimwaffe. Wie Forschende feststellten, hat der Gemeine Regenwurm ganz spezielle dolchartige Borsten (siehe auch S. 116 und 139), die er während des Sex in den Körper des Partners bohrt. Durch dessen verletzte Haut injiziert er ein Hormon, das offenbar die Akzeptanz seiner Spermien erhöht und den Zeitpunkt hinauszögert, zu dem der Partner sich einen neuen Liebhaber sucht.[54]

Das Clitellum spielt im Paarungsvorgang die Hauptrolle: Es produziert den Schleim, der die beiden Würmer bei der Paarung zusammenklebt. Die Samenzellen werden aus der männlichen Geschlechtsöffnung abgegeben und über zwei parallel verlaufende Samenrinnen in die Samentaschen des

Partners transportiert. Die Spermien des Partners dienen ein paar Tage später der Befruchtung der eigenen Eizellen. Ebenfalls aus einem Sekret des Clitellums bildet sich ein Schlauch. Während der Wurm ihn über den Kopf abstreift, werden aus der Eileitermündung Eier und aus den Samentaschen Spermien abgegeben, die die Eier befruchten. Der Schlauch schließt sich an beiden Öffnungen und trocknet zu einem winzigen zitronenförmigen Gebilde, dem Kokon, in dem sich die Embryonen von dem darin enthaltenen Eiweiß ernähren.

GUT ZU WISSEN

Kommerzielle Wurmzüchter haben Kompostwürmer der Art *Eisenia andrei* schon bei flotten Dreiern beobachtet; ebenso Sex zwischen verschiedenen Arten von Kompostwürmern (*Eisenia fetida*, *Eisenia andrei* und *Eisenia hortensis*), wobei die bei der Kreuzung entstandenen Kokons offenbar nicht gediehen.

Je nach Art paaren sich Regenwürmer mehrmals pro Jahr. Der tief grabende Gemeine Regenwurm produziert pro Jahr nur etwa zehn Kokons, während kleinere Streuschichtbewohner sich sehr häufig paaren und bis zu hundert Kokons pro Jahr ablegen. Ein Grund dafür könnte sein, dass Würmer, die näher an der Oberfläche leben, leichter Dürren oder Fressfeinden zum Opfer fallen. Im Allgemeinen paaren sich Regenwürmer in gemäßigtem Klima häufiger im Frühling (März/April) und Herbst (September/Oktober), wenn es weder zu heiß noch zu kalt ist – was bereits 1780 beobachtet wurde, als die englische Zeitschrift *The Monthly Review, Or, Literary Journal, Enlarged* berichtete: »... der Gemeine Regenwurm pflanzt sich oberirdisch fort, bei feuchtem, milden Wetter oder wenn die Erde von Tau bedeckt ist.«[55]

Einige Regenwurmarten brauchen noch nicht einmal einen Partner. Manche vermehren sich parthenogenetisch, sie haben weibliche Fortpflanzungsorgane und brauchen keinen männlichen Artgenossen, um die Eier zu befruchten. Einige zwittrige Regenwürmer können sich selbst befruchten, indem sie sich sozusagen in der Mitte zusammenklappen, was sehr vorteilhaft ist, wenn gerade kein Partner zur Hand ist. Der Kompostwurm *Eisenia fetida* vermehrt sich in zehn Prozent der Fälle durch Selbstbefruchtung.

KANN MAN REGENWÜRMER DRESSIEREN?

Nicht setz' ich auf die Liste meiner Freunde
(die mit Manieren glänzt und Feingefühl,
doch nicht mit allzu viel Vernunft), den Mann,
der ohne Not auf einen Wurm den Fuß setzt.

William Cowper, *The Task* (1785)

Im Namen der Wissenschaft wurden Regenwürmer einigen recht unangenehmen Prozeduren unterzogen. In den 1960er-Jahren wollte man mit einem Experiment herausfinden, ob der Gemeine Regenwurm (*Lumbricus terrestris*) lernfähig ist.[56] Die Regenwürmer sollten sich durch ein Labyrinth bewegen, während sie Licht, Hitze und Elektroschocks ausgesetzt waren. Die Elektroschocks verabreichte man ihnen, wenn sie »falsche Entscheidungen« trafen, sich also verliefen, während die Belohnung darin bestand, dass man sie in ihr gewohntes Gehege zurückbrachte. So wollte man herausfinden, ob man den Regenwürmern den richtigen Weg durch das Labyrinth mithilfe angenehmer und unangenehmer »Erinnerungen« an die Konsequenzen ihrer jeweiligen »Entscheidungen« beibringen konnte – und ob sie in der Lage waren, das Gelernte zu wiederholen.

Erstaunlicherweise lernten die Regenwürmer nicht nur, durch das Labyrinth zu finden, sie trafen sogar mit jeder Wiederholung mehr »richtige Entscheidungen«, wurden also immer besser. Nach einer zweiwöchigen Pause hatten sie allerdings alles wieder vergessen, was die Forschenden zu folgender Einschätzung brachte: »Alle Veränderungen im Regenwurm sind im Vergleich zu Säugetieren sehr flüchtig. Nach 15 Tagen Pause unterscheidet sich die Leistung eines intensiv trainierten [Regenwurms] nicht von der eines Tieres, dem das Experiment neu ist.«

SCHLAFEN REGENWÜRMER?

Das hängt davon ab, wie man Schlaf definiert. Häufig wird er als ein physiologischer Zustand beschrieben, zu dem unter anderem ein herabgesetztes Bewusstsein, eine bestimmte Gehirnwellenfrequenz, herabgesetzte sensorische Aktivität, rasche Augenbewegungen und entspannte Muskulatur gehören. Diese Definition orientiert sich vor allem an Säugetieren, während für Lebewesen mit weniger komplexen Körpern und Gehirnen eine am Verhalten orientierte Definition sinnvoller ist.

Wenn Schlaf als ein Verhalten aufgefasst wird, zieht man in der Regel Kriterien wie die vorübergehende Bewegungslosigkeit, die Verlangsamung normaler Körperfunktionen oder die fehlende Reaktion auf äußere Reize innerhalb eines 24-Stunden-Zyklus heran (Schlaf, der länger als 24 Stunden andauert, wird eher als Winterschlaf oder Ruhestadium bezeichnet). So gesehen schlafen oder ruhen auch Regenwürmer im Tagesverlauf. Verschiedene Forschungen am Gemeinen Regenwurm *(Lumbricus terrestris)* haben gezeigt, dass er von der Abend- bis zur Morgendämmerung extrem aktiv ist, tagsüber jedoch sein Sauerstoffverbrauch zurückgeht, was auf eine Phase der Ruhe hindeutet.

WAS TUN FÜR DIE WÜRMER? – TIPP 7

KEINE CHEMIE

- Regenwürmer müssen bereits seit Jahrzehnten mit Pestiziden klarkommen, und die Notwendigkeit der Selbstentgiftung hat ihren Preis. In Böden, die kontinuierlich mit chemischen Pflanzenschutzmitteln behandelt werden, werden sie nicht so groß, und auch ihre Fortpflanzungsfähigkeit leidet (vgl. »Sind die Regenwürmer gefährdet?«, S. 35)

- Gärtnern Sie daher besser ohne Pestizide, denn ein gesunder Boden bringt gesunde Pflanzen hervor, die zugleich widerstandsfähiger gegen Krankheiten sind. Locken Sie Insekten in den Garten, die Schädlinge auffressen. Es gibt außerdem zahlreiche Möglichkeiten, Krankheiten und Schädlinge auf natürliche Weise zu bekämpfen, wie Mischkultur, biologische Pflanzenschutzmittel und Schädlingsbekämpfung durch Nützlinge wie Nematoden.

MACHEN REGENWÜRMER GERÄUSCHE?

Ganz hinten in der *New York Times* vom 5. August 1925 verbarg sich eine kleine, aber sensationelle Meldung mit der Schlagzeile »Er sagt, Regenwürmer singen«:

> »*Deutscher Professor findet heraus, dass sie Geräusche in Sopranhöhe von sich geben*
> Freiberg, Deutschland, 4. August – Professor Mangold, ein deutscher Zoologe, behauptet, er habe durch Zufall herausgefunden, dass Regenwürmer singen können. Er führte an einem Dutzend Regenwürmern unter Glas diverse Experimente durch, wobei er zu seiner Überraschung feststellte, dass aus dem Behälter rhythmische Geräusche in der Stimmlage Sopran kamen. Der Forscher bekräftigt, dass eine Untersuchung gezeigt habe, dass die Musik von den Regenwürmern kam.«

Mangold war der erste Wissenschaftler, der die These aufstellte, dass Regenwürmer Töne von sich geben. Im Jahr 1927, zwei Jahre später, versicherte ein weiterer Forscher, Rudolf Ruedemann, in der Zeitschrift *Science*, er habe, fasziniert von Mangolds Thesen, eigene Untersuchungen durchgeführt: »Amerikanische Regenwürmer machen Geräusche [...] An einem schwülen Maiabend [...] konnte man sie im Garten hinter unserem Haus ganz deutlich vernehmen. Da ich es zuerst kaum glauben wollte, setzte ich mich ganz ruhig auf einen Stuhl, bis ich um mich herum ein außerordentlich feines schabendes Geräusch hörte. Es war ein Chor unglaublich leiser Stimmen in der Dunkelheit [...] Seither haben wir den Gesang jedes Jahr vernommen, immer an warmen Frühlingsabenden mit Einbruch der Dämmerung und danach.«[57]

Die beiden angesehenen Forscher hatten allerdings ganz unterschiedliche Theorien, wie die Würmer die Töne produzierten. Mangold glaubte, sie kämen aus ihrem Mund, während Ruedemann meinte, sie zögen in der Nähe der Röhreneingänge ihre Borsten über etwas Hartes, möglicherweise um einen Partner anzulocken.

Da seither wenig bis gar nicht zu dem Thema geforscht wurde, ist das Rätsel der singenden Würmer bis heute ungelöst. Landwirte, die Wurmkulturen betreiben, berichteten von »knallenden« Geräuschen in ihren Kompostbehältern, während das Volk der Nage auf der im Osten Indonesiens gelegenen Insel Flores lange behauptete, eine Regenwurmart in ihrer Gegend würde »quaken«.[58]

Die wahrscheinlichste Erklärung für die wahrgenommenen Geräusche ist allerdings ihre Fortbewegung im Boden. Wenn kleine Körner organischer Substanzen aneinanderreiben oder winzige Risse im Erdreich entstehen, produziert das Schallwellen, und je nach Größe und Menge der Regenwürmer können die entsprechenden Geräusche durchaus beachtlich sein. Der Tierfilmer David Attenborough erzählt in *Life on Air*, seiner Autobiografie, von den außerordentlich lauten unterirdischen Geräuschen des *Megascolides australis*, den er in Australien filmte. Das Gluckern, das entsteht, wenn diese Spezies ihren Körper durch das nasse Erdreich bohrt, vergleicht er mit dem Geräusch einer Toilette: »Wenn man über die Wiesen Südaustraliens spaziert, hört man manchmal direkt hinter sich ein Geräusch, als würde jemand runterspülen.«[59]

HABEN REGENWÜRMER FREUNDE?

Sie haben vielleicht eine Spur eines sozialen Gefühls; denn sie werden nicht gestört, wenn sie sich einander über die Körper wegkriechen [sic] und häufig liegen sie miteinander in Berührung.

Charles Darwin, *Die Bildung der Ackererde durch die Thätigkeit der Würmer* (1881)[60]

Sind Regenwürmer soziale Wesen? Eine etwas ungewöhnliche Frage angesichts eines Tiers, das aus nicht viel mehr als Mund und Hinterteil besteht, und doch deuten aktuelle wissenschaftliche Forschungen darauf hin, dass dieses niedere Tier ein viel ausgeprägteres Sozialleben pflegt, als man sich bisher vorstellen konnte.

Forschende an einer belgischen Universität fanden heraus, dass der Kompostwurm *Eisenia fetida* durch Berührung mit Artgenossen kommuniziert und deren Verhalten beeinflusst. Durch Berührungen bilden sie »Herden«, in denen sie sich dann gemeinsam in dieselbe Richtung bewegen.

In einem Experiment setzte man vierzig Würmer

in eine Erdkammer, von der zwei identische weitere Kammern abzweigten. Die Forschenden gingen davon aus, dass die Regenwürmer sich gleichmäßig darin verteilen würden, doch stattdessen krochen sie gemeinsam alle in eine Kammer. Dieses Verhaltensmuster wurde in mehrfachen Versuchen bestätigt.

Doch wie entschied die Gruppe, welche der beiden Kammern vorzuziehen war? Um herauszufinden, ob dabei chemische Signale oder Berührung eine Rolle spielten, schafften die Wissenschaftler:innen ein Labyrinth. Waren die Regenwürmer allein unterwegs, krochen sie auf verschiedenen Routen, statt dem Vorgänger zu folgen, was darauf hindeutete, dass die kriechenden Würmer keine chemischen Spuren hinterließen.

Schickte man sie jedoch gemeinsam los, blieben sie zusammen und erreichten dasselbe Ziel. Das Kreuzen oder Aneinanderreiben ihrer Körper schien eine Art soziale Kommunikation zu sein. Auch an der Oberfläche bildeten die Würmer kompakte Knäuel, woraus die Forscher schlossen, dass auch andere Regenwurmarten ähnlichen Verhaltensmustern folgen.

Warum genau Regenwürmer zur Herdenbildung neigen, ist immer noch unklar. Einer Theorie zufolge bietet die Gruppe (wie bei vielen anderen Tierarten) mehr Schutz gegen Fressfeinde wie zum Beispiel Plattwürmer.

Gerade abends werden Regenwürmer auf der Suche nach möglichen Sexualpartnern gesellig. In der Dunkelheit kommen sie aus ihren Gängen, und während sie sich mit dem Schwanz an den eigenen Gang klammern, erkunden sie mit dem Kopf den Nachbargang.

SIND REGENWÜRMER RISIKOFREUDIG?

Man kann sich vorstellen, dass es im Leben eines Regenwurms eher geruhsam zugeht. Dennoch nimmt er, wie viele andere Tiere, auch Risiken auf sich. Während die meisten Lebewesen ihr Überleben sichern, indem sie gefährlichen Situationen aus dem Weg gehen, bleibt ihnen in bestimmten Situationen – zum Beispiel bei Nahrungsmangel – gar nichts anderes übrig, als etwas zu riskieren.

Dieses Verhalten lässt sich zwar bei großen Säugetieren leicht beobachten, doch dass ein so schlichtes Lebewesen wie ein Regenwurm bewusste Entscheidungen treffen kann, wenn es mit Schwierigkeiten konfrontiert wird, hätte niemand vermutet. Eine Studie von 2018[61] hat allerdings bewiesen, dass der Gemeine Regenwurm (*Lumbricus terrestris*) Risiken auf sich nimmt, wenn er zu verhungern droht. In dem Experiment bildeten die Forschenden drei Gruppen – nicht hungrige, leicht ausgehungerte und stark ausgehungerte Würmer – und präsentierte ihnen zwei Futterquellen: Die eine enthielt große Mengen an Nahrung, lag aber in vollem Licht, was Regenwürmern schadet; die andere lockte mit behaglicher Dunkelheit, aber das Nahrungsangebot war karg. Die stark ausgehungerte Gruppe entschied sich nicht nur häufiger, sondern auch schneller für das hohe Risiko der Helligkeit als die anderen beiden Gruppen. Hungrige Regenwürmer scheinen also gewillt, sich Fressfeinden und dem Risiko des Vertrocknens auszusetzen.

WIE ALT WIRD EIN REGENWURM?

Die Engel erheben sich abgespannt
Und erklären der bangen Welt,
Dass die Tragödie »Mensch« benannt
Und Eroberer »Wurm« ihr Held.[62]

Edgar Allen Poe, *Der Eroberer Wurm* (1843)

Zwischen der Tiefe seines Lebensraums und der Lebensdauer eines Regenwurms scheint ein gewisser Zusammenhang zu bestehen: Streuschichtbewohner sind recht kurzlebig (zwischen einem und drei Jahren), pflanzen sich aber sehr leicht und häufig fort, sodass sich eine Population sehr rasch erneuert. Die Flachgräber haben eine etwas höhere Lebenserwartung (bis zu fünf Jahre). Tiefgräber legen zwar nur wenige Kokons pro Jahr ab, weswegen eine Population schnell dezimiert ist, falls sich ihre Lebensbedingungen im Erdreich verschlechtern, doch wenn sie in Ruhe gelassen werden und genug Nahrung vorhanden ist, können sie ein beeindruckendes Alter von zehn und mehr Jahren erreichen.

HABEN REGENWÜRMER EIN SCHMERZEMPFINDEN?

Keine Kreatur ist in so großer Zahl vorhanden oder so großartig, dass sie der zerstörerischen Energie des Menschen widerstehen könnte – keine so klein und unbedeutend, dass sie seinem Entdeckungseifer und seinem Talent, Beute zu machen, entginge. Wir waren von Anfang an dazu bestimmt, uns alle niedriger stehenden Lebewesen Untertan zu machen. Wir sollten dennoch nicht vergessen, dass wir – wie alle Lebewesen, die wir töten, unterjochen und manipulieren – nur vorübergehend hier sind, als Mitbewohner der Würmer und Wale auf diesem kleinen Planeten.

Sir Richard Owen, *Lecture to the London Society of Arts. On the Raw Materials of the Animal Kingdom* (1852)

Diese Frage ist schwierig zu beantworten. Da keine verbale Kommunikation möglich ist, lässt sich schwer herausfinden, ob Tiere Schmerz empfinden. Darüber hinaus sind sich Wissenschaftler:innen uneins darüber, was Schmerz überhaupt ist. Wenn sich ein Wurm an einem Angelhaken krümmt, ist das dann nur ein Reflex oder etwas, was mit menschlichem Schmerzempfinden vergleichbar ist?

Alle Tiere verfügen über Nozizeption, die Fähigkeit, schädliche Reize wahrzunehmen. Ihr Nervensystem reagiert auf Stimuli durch gefährliche oder schädliche Quellen, um sie vor Verletzung oder Tod zu schützen. Diese Fähigkeit beruht eher auf Reflexen als auf einer bewussten Erfahrung.

Krümmt sich der Wurm, handelt es sich also tatsächlich mehr um einen Automatismus als um tatsächlichen Schmerz, wie wir ihn empfinden? Darüber wird nach wie vor heftig gestritten. Die einen argumentieren, der Regenwurm reagiere mechanisch auf einen negativen Reiz (wie wir, wenn wir im grellen Sonnenlicht unsere Augen schließen).

Andere sind da nicht so sicher. Daher halten sie noch nach weiteren Anzeichen Ausschau, die darauf hindeuten, dass ein Tier in Bedrängnis ist. Man konnte nachweisen, dass Regenwürmer zwei Stoffe – Enzephaline und Beta-Endorphine – produzieren, die ihnen vermutlich dabei helfen, mit Schmerz fertigzuwerden.[63] Wenn ein Organismus schmerzstillende Substanzen ausschüttet, so die Theorie, dann muss es sich um die Reaktion auf ein Schmerzempfinden handeln. Ob es sich dabei um Gefühle handelt, wie wir Menschen sie kennen, ist unklar – es würde sich aber lohnen, der Frage nachzugehen.

Die Überlegung, dass auch Würmer Schmerz empfinden, ist nicht neu, genauso wenig wie das Postulat, ihnen nicht wissentlich zu schaden. Schon 1931 verfasste ein Pastor Ljunggren einen Artikel für die *New York Times*, in dem er auf einen schwedischen Professor verwies, der experimentell herausfinden wollte, ob Regenwürmer Schmerz empfinden. Die von ihm durchgeführten Versuche, darunter Elektroschocks, überzeugten ihn davon, dass dem so sei, worauf er den Rest seiner beruflichen Laufbahn darauf verwandte, Angler davon abzubringen, Würmer als Köder zu verwenden. »Der gute Professor«, so Ljunggren, »voller Mitleid mit den Tausenden armen Würmern, die jedes Jahr auf die Haken der Angler gespießt wurden, begab sich auf eine Vortragsreise, um sie davon abzubringen. Doch die Angler lächelten nur, bestückten ihre Haken, wie es schon ihre Väter taten, und auch ihre Nachfahren werden es damit ohne Zweifel noch ebenso halten.«[64]

WAS TUN FÜR DIE WÜRMER? – TIPP 8

MEHR WÜRMER ANSIEDELN

- Auf neu bebauten Grundstücken oder in frisch angelegten Gärten muss Erde häufig neu herbeigeschafft oder innerhalb der Fläche umgeschichtet werden. Dadurch reduziert sich die Regenwurmdichte möglicherweise drastisch, oder die vorhandene Population stirbt komplett. In diesem Fall ist es sinnvoll, Regenwürmer hinzuzukaufen und im eigenen Garten neu anzusiedeln. Auch wenn die Versuchung groß ist, einfach eine Tüte voll zu besorgen und das Beste zu hoffen, sollten Sie zuerst die Bodenverhältnisse verbessern, sonst haben die neuen Bewohner kaum eine Überlebenschance.

- Die meisten kommerziellen Wurmfarmen empfehlen, idealerweise ein Jahr lang Mist, Kompost, Laub und anderes organisches Material auf und im Boden reifen und verrotten zu lassen, bevor man die Würmer einsetzt. (Vgl. »Was tun für die Würmer? – Tipp 1«, S. 43)

- Ist die Fläche entsprechend vorbereitet, hängt die »Eingewöhnung« von der Wurmart ab. Tiefgräber und Flachgräber sollten Sie einbuddeln – graben Sie ein spatentiefes Loch, geben Sie die Würmer hinein und schütten Sie es wieder zu.

- Noch besser: Man kann auch Kolonien verschiedener Wurmarten (Tiefgräber und Flachgräber, aber keine Streuschichtbewohner wie Kompostwürmer) in biologisch abbaubaren Behältern kaufen. In dem Fall vergraben Sie die ganze Box, bedecken sie mit Erde und wässern sie. Die Regenwürmer arbeiten sich dann in aller Ruhe in die Umgebung vor und können sich so langsam an die neuen Lebensbedingungen gewöhnen. Dann sollten sie sich sehr bald schon heimisch fühlen, sich paaren und Ihren Gartenboden neu besiedeln und ihn damit verbessern.

DIE AUTORIN

SALLY COULTHARD ist britische Bestsellerautorin zahlreicher Naturliebhaberbücher. Nach einem Studium der Archäologie und Anthropologie in Oxford und einem kurzen Ausflug in die Welt der Fernsehproduktionen zog es sie zurück nach Yorkshire. Sie betreibt mit ihrer Familie eine kleine Farm und schreibt ihre Bücher vorzugsweise im Schuppen des Obstgartens.

sallycoulthard.co.uk

ANMERKUNGEN

1 Alle Zitate aus Charles Darwins berühmtem Buch *The Formation of Vegetable Mould through the Action of Worms, with Observations on their Habits* sind folgender deutschen Übersetzung entnommen: Charles Darwin: *Die Bildung der Ackererde durch die Thätigkeit der Würmer.* Aus dem Englischen übersetzt von J. Victor Carus, Stuttgart (E. Schweizerbart'sche Verlagshandlung) 1882 (sie wurden der neuen Rechtschreibung angepasst).

Tatsächlich findet sich keine Stelle bei Aristoteles, in der er dezidiert Regenwürmer so bezeichnet, obwohl er fälschlicherweise häufig so zitiert wird. Im III. Buch von *Über die Zeugung der Geschöpfe (De generatione animalium)* schreibt er: »Obwohl diese [Tiere] alle in ihrem Wesen wenig Blut haben, sind sie doch Bluttiere mit einem blutvollen Herzen als Quellpunkt für ihre Glieder. Und die sogenannten Erddärme haben das Wesen von Maden, in denen sich der Körper der Aale bildet« (zitiert in der Übersetzung von Paul Gohlke, Paderborn 1959, S. 166).

2 in der Übersetzung von Erich Furegg, zitiert nach: Peter Hamm (Hg.): *Welches Tier gehört*

zu dir? Eine poetische Arche Noah, München (Hanser) 1984, S. 297

3 https://www.wwf.de/fileadmin/fm-wwf/Publikationen-PDF/WWF-Regenwurm-Manifest.pdf (abgerufen am 27.9.2021).

4 https://www.nabu.de/news/2014/10/17127.html (abgerufen am 27.9.2021).

5 http://www.regenwuermer.info/regenwurm/regenwurmarten/ (abgerufen am 27.9.2021).

6 https://www.rote-liste-zentrum.de/de/Der-Wurm-der-einen-Edelstein-im-Namen-tragt-2017.html (abgerufen am 27.9.2021).

7 https://www.wwf.de/fileadmin/fm-wwf/Publikationen-PDF/WWF-Regenwurm-Manifest.pdf (abgerufen am 27.9.2021).

8 Butt, K. R. et al.: »An oasis of fertility on a barren island. Earthworms at Papadil, Isle of Rum«, in: *The Glasgow Naturalist* (2016) Bd. 26, Teil 2, 13–20.

9 https://www.wwf.de/fileadmin/fm-wwf/Publikationen-PDF/WWF-Regenwurm-Manifest.pdf (abgerufen am 27.9.2021).

10 Meentemeyer, V. et al.: »World patterns and amounts of terrestrial plant litter production«, in: *BioScience* 32(2), (1982), 125–128.

11 Xiao, Z. et al.: »Earthworms affect plant growth and resistance against herbivores. A meta-analysis«, in: *Functional Ecology* (18. August 2017).

12 Zaller, J. G. et al.: »Herbivory of an invasive slug

is affected by earthworms and the composition of plant communities«, in: *BMC Ecology* 13, 20 (2013): https://doi.org/10.1186/1472-6785-13-20.

13 Decaëns, T. et al.: »Seed dispersion by surface casting activities of earthworms in Colombian grasslands«, in: *Acta Oecologica* 24(4) (2003), 175–185.

14 Dann, L.: »Major survey finds worms are rare or absent in 40 % of fields«, in: *Farmers Weekly* (22. Februar 2019): www.fwi.co.uk/arable/land-preparation/soils/major-survey-finds-worms-are-rare-or-absent-in-20-of-fields.

15 Kanianska, R. et al.: »Assessment of Relationships between Earthworms and Soil Abiotic and Biotic Factors as a Tool in Sustainable Agricultural«, in: *Sustainability* 8 (9): 906 (7. September 2016).

16 https://www.spiegel.de/wissenschaft/natur/biodiversitaet-im-boden-regenwuermer-sind-gefaehrdet-a-1262533.html (abgerufen am 27.9.2021).

17 Scheer, R. and Moss, D.: Dirt Poor: »Have Fruits and Vegetables Become Less Nutritious?«, in: *Scientific American* (27. April 2014).

18 Givaudan, N. et al.: »Acclimation of earthworms to chemicals in anthropogenic landscapes, physiological mechanisms and soil ecological implications«, in: *Soil Biology and Biochemistry* 73 (2014), 49–58: DOI: 10.1016/j.soilbio.2014.01.032.

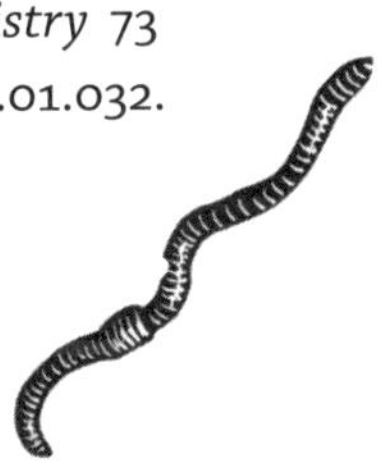

19 The National Severe Storms Laboratory, Severe Weather 101: Flood Basics: www.nssl.noaa.gov/education/svrwx101/floods.
20 Xiaofeng Jiang et al.: »Toxicological effects of polystyrene microplastics on earthworm (Eisenia fetida)«, in: *Environmental Pollution* 259 (April 2020).
21 Charles Darwin, *Die Bildung der Ackererde durch die Thätigkeit der Würmer*, John Murray, 1881, S. 54.
22 Paoletti, M. G. et al.: »Nutrient content of earthworms consumed by Ye'kuana Amerindians of the Alto Orinoco of Venezuela«, in: *Proceedings of the Royal Society of London*. Series B: Biological Sciences Bd. 270, Nr. 1512 (7. Februar 2003).
23 Cianferoni, A. et al.: »Visceral Larva Migrans Associated With Earthworm Ingestion. Clinical Evolution in an Adolescent Patient«, in: *Pediatrics* 117(2): e336–e339 (1. August 2006).
24 zitiert nach: Ambrose Bierce: *Des Teufels Wörterbuch*. Aus dem amerikanischen Englisch übersetzt und herausgegeben von Gisbert Haefs, Zürich (Manesse) 2013 (E-book).
25 Reynolds, J. W./Reynolds, W. M.: »Earthworms in Medicine«, in: *American Journal of Nursing* 72(7): 1273 (August 1972).
26 zitiert nach: Plinius: *Naturkunde. Buch 29/30: Medizin und Pharmakologie: Heilmittel aus dem Tierreich: Naturkunde / Naturalis Historia in 37 Bänden*, Berlin: De Gruyter (A), 2013. https://doi.org/10.1524/9783050062037.

27 Grdisa, Mira: »Therapeutic Properties of Earthworms in: Bioremediation, Biodiversity and Bioavailability«, Global Science Books (2013): http://www.globalsciencebooks.info/Online/GSBOnline/ images/2013/BBB_7(1)/BBB_7(1)1-50.pdf.

28 James T. Patterson, *The Dread Disease*, Cambridge 1989, 41

29 zitiert nach: *Die Erkundung von Selborne durch Reverend Gilbert White. Eine illustrierte Naturgeschichte*. Übersetzt von Rolf Schönlau, Berlin (Die andere Bibliothek) 2021, S. 264.

30 Chuang, S. et al.: »Influence of ultraviolet radiation on selected physiological responses of earthworms«, in: *Journal of Experimental Biology* 209 (2006), 4304–4312: doi: 10.1242/jeb.02521.

31 Darwin: *Die Bildung der Ackererde*, S. 13.

32 Seymour, M. K.: »Locomotion and Coelomic Pressure in Lumbricus terrestris L«, in: *Journal of Experimental Biology* 51 (1969), 47–58.

33 Quillin, K. J.: »Kinematic scaling of locomotion by hydrostatic animals. Ontogeny of peristaltic crawling by the earthworm lumbricus terrestris«, in: *Journal of Experimental Biology* 202 (1999), 661–674.

34 Zhang, D. et al.: »Earthworm epidermal mucus. Rheological behavior reveals drag-reducing characteristics in soil«, in: *Soil and Tillage Research* 158 (Mai 2016), 57–66.

35 Verdes, A./Gruber, D. F.: »Glowing Worms. Biological, Chemical, and Functional Diversity of Bioluminescent Annelids«, in: *Integrative and Comparative Biology* 57(1), (Juli 2017), 18–32.
36 Darwin: *Die Bildung der Ackererde*, S. 15.
37 Ebd.
38 Ebd., S. 52.
39 Samuelson, J.: *Humble Creatures*, London, John Van Voorst, 1858.
40 Darwin, *Die Bildung der Ackererde*, S. 8.
41 Montgomerie, R./Weatherhead, P. J.: »How robins find worms«, in: *Animal Behaviour* 54 (1997), 143–151.
42 Cranfield University: »Earthworm population triples with use of cover crops« (25. September 2019): https://phys.org/news/2019-09-earthwormpopulation-triples-crops.html.
43 Liebeke, M. et al.: »Unique metabolites protect earthworms against plant polyphenols«, in: *Nature Communications* 6:7869 (2015): doi: 10.1038/ncomms8869.
44 Pfiffner, L.: »Earthworms – Architects of fertile soils«, in: *Order no. 1629*, International edition, FiBL Research Institute of Organic Agriculture FiBL (2014).
45 Darwin, *Die Bildung der Ackererde*, S. 175.
46 Ebd., S. 33.
47 Nuutinen, V./Butt, K. R.: »Homing ability wi-

dens the sphere of influence of the earthworm Lumbricus terrestris L«, in: *Soil Biology and Biochemistry* 37:4 (April 2005), 805–807.

48 *The Monthly Review, Or, Literary Journal*, Volume LXII (1810)

49 Usherwood, J.: »A New Twist On Underground Eating«, in: *Journal Of Experimental Biology* 209:23 (2006): Vi Doi: 10.1242/Jeb.02575.

50 Penning, K. A./Wrigley, D. M.: »Aged Eisenia fetida earthworms exhibit decreased reproductive success«, in: *Invertebrate Reproduction & Development*, 62:2 (2018), 67–73.

51 Nuutinen, V./Butt, K. R.: »The mating behaviour of the earthworm Lumbricus terrestris (Oligochaeta: Lumbricidae)«, in: *Journal of Zoology* 242:4 (August 1997), 783–798.

52 Grove, A. J./Cowley, L. F.: »Memoirs. On the Reproductive Processes of the Brandling Worm, Eisenia Foetida. (Sav.)«, in: *Journal Of Cell Science* (1926) s2-70: 559–581.

53 Darwin, *Die Bildung der Ackererde*, S. 19.

54 Koene, J. M. et al.: »Piercing the partner's skin influences sperm uptake in the earthworm Lumbricus Terrestris«, in: *Behavioral Ecology and Sociobiology*, 59:2 (2005), 243–249.

55 »Letters and Papers on Agriculture, Planting &c.«, in: *The Monthly Review, Or, Literary Journal*, Enlarged, 1780.

56 Greene Datta, L.: »Learning in the Earthworm, Lumbricus Terrestris«, in: *The American Journal Of Psychology* 75:4 (December 1962), 531–553.

57 Ruedemann, R.: »›Singing‹ Earthworms«, in: *Science* 65:1676 (11. Februar 1927), 163.

58 Forth, G.: »Why the Porcupine is Not a Bird. Explorations in the Folk Zoology of an Eastern Indonesian People«, University of Toronto Press, 2016.

59 Attenborough, D.: *Life on Air*, BBC Books, 2003, 394.

60 Darwin, *Die Bildung der Ackererde*, S. 19.

61 Sandhu, P. u. a.: »Worms make risky choices too. The effect of starvation on foraging in the common earthworm (Lumbricus terrestris)«, in: *Canadian Journal of Zoology*, 96 (2018), 1278–1283.

62 Übersetzt von Hedwig Lachmann, https://www.projekt-gutenberg.org/poe/gedichte/chap014.html (abgerufen am 27.9.2021).

63 Alumets, J. et al.: »Neuronal localisation of immunoreactive enkephalin and ß-endorphin in the earthworm«, in: *Nature* 279 (1979), 805–806.

64 Ljunggren, Rev. C. J.: »Earthworms Feel Pain«, in: *New York Times* (20. September 1931).